LE GROS GIBIER APRÈS LE COUP DE FEU

LE GROS GIBIER APRÈS LE COUP DE FEU

caribou • chevreuil • orignal

RÉJEAN LEMAY

la presse

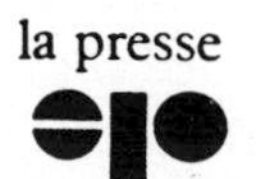

Principaux collaborateurs

Participation spéciale:
Alain Demers

Photographies de la couverture:
Québec, ministère du Loisir, de la Chasse et de la Pêche:
Pierre Bernier, Didier LeHenaff
Guy Charette
Roger Fortier
John Taylor

Photographies:
Roger Fortier
Réjean Lemay
Yvon-Louis Paquet
Andrew Taylor
John Taylor

Illustrations:
Richard Brillon

Révision du texte et coordination:
Cap et bc inc.

Dépôt légal 3e trimestre 1986
Bibliothèque nationale du Québec
Bibliothèque nationale du Canada

1234567890 ~~~ 86 5432109876

ISBN 2-8904-3184-3

La plupart des gens ont la chance d'avoir des amis, mais les amitiés profondes et durables sont chose rare. J'ai le bonheur d'avoir des parents extraordinaires qui sont devenus mes vrais amis. Ils ont allumé les lumières de la vie pour guider mes pas mais ils les ont tamisées pour me faire connaître les embûches du parcours. Pour ces raisons et pour bien d'autres, je leur dédie ce livre.

Remerciements

Je tiens à remercier les personnes suivantes qui m'ont aidé à mener à bien le présent ouvrage: mon père Lucien Lemay, ma soeur Monique Lemay, l'ami Guy Charette, mon collègue et ami Alain Demers, Roger Fortier, de même que John Taylor et Yvon-Louis Paquet.

Il convient aussi de souligner la participation de Quebecair, du ministère québécois du Tourisme, de l'Auberge de la Colline (Wedge Hill) à Schefferville et de la pourvoirie de la rivière Coulonge dans l'Outaouais. Mes remerciements vont aussi aux établissements qui nous ont gracieusement prêté le matériel illustré dans le présent livre, soit le Pavillon Chasse et Pêche 440 inc. à Laval, Smico inc., ainsi que Claude Turcotte Sport et l'Institut national des Viandes.

Quelques mots sur l'auteur

Réjean Lemay est avant tout boucher de profession, avec une spécialisation en coupe dite «française». Dès son adolescence, il travaille à la boucherie paternelle à Sherbrooke et y apprend les rudiments du métier.

Après avoir suivi des cours à l'Institut national des Viandes inc., il se joint, en 1978, au corps professoral de cet établissement où il enseigne toujours. En plus de ce travail, il occupe le poste de moniteur au module de la sécurité dans le maniement d'armes à feu, à l'École des techniques de plein air de l'Association de chasse et pêche de l'INVI. Il y donne également des cours sur les soins et la préservation du gibier, et organise des cours de plein air qui traitent de l'orientation, de la survie, de l'appel à l'orignal et de techniques de pêche. Il travaille aussi à titre d'instructeur pour le ministère du Loisir, de la Chasse et de la Pêche à l'école de Duchesnay.

Collaborateur assidu aux publications de l'INVI, dont *L'orignal*, *Le caribou* et *Les bonnes heures pour pêcher et chasser*, Réjean Lemay est aussi membre de l'Association de la presse, du plein air, et du tourisme (APPAT), des Chroniqueurs de la vie au grand air (CVGA) et des Chevaliers de saint Hubert. Mentionnons enfin sa participation au comité *ad hoc* (boucherie-coupe de viande) sur la coupe française pour le ministère de l'Éducation du Québec.

Fervent amateur de chasse et de pêche, il sait associer sport et métier afin de toujours récolter le maximum.

Préface

La chasse est l'un des sports les plus populaires au Québec, et le nombre des inscriptions au cours de Maniement d'armes à feu *le prouve. En effet, jusqu'à présent plus d'un million de chasseurs l'ont suivi et nombreux sont aussi ceux qui ont assisté aux sessions de* Techniques de survie, Carte et boussole, Techniques de chasse et de pêche *et enfin* Soins et préservation des viandes de gibier.

Partout au Québec on offre ce type de cours. Cependant l'auteur du présent ouvrage, Réjean Lemay, étant un pionnier dans l'enseignement des soins et de la préservation du gibier, les chasseurs qui ont eu l'occasion de se familiariser avec cet aspect de leur sport favori sont moins nombreux et combien, après avoir abattu leur gibier tant convoité, rencontrent encore des difficultés, aussi bien pour l'éviscération et la conservation que pour la préparation de l'animal.

Tous n'ont pas la chance d'être accompagnés d'un guide professionnel mais dorénavant, tout chasseur désireux de se renseigner pourra trouver dans Le gros gibier après le coup de feu *tous les renseignements dont il a besoin, étape par étape. De plus, les conseils d'ordre plus général prodigués par l'auteur font vraiment de cet ouvrage le compagnon indispensable pour tous les disciples de Nemrod.*

Nos plus sincères félicitations à Réjean Lemay pour son initiative; c'est avec fierté que nous vous présentons Le gros gibier après le coup de feu.

Roger Fortier
Président de l'INVI

Table des matières

Introduction

La chasse fut pendant longtemps le seul moyen de subsistance de nos ancêtres. En ce temps-là, les périodes de chasse réglementées n'existaient pas et on devait abattre du gibier hiver comme été. On réussissait à conserver la viande par des moyens rudimentaires dont certains, malgré quelques restrictions, sont encore valables aujourd'hui. Par exemple, on déposait la viande sur une tablette que l'on plaçait à l'intérieur d'un puits, juste au-dessus du niveau de l'eau, ou bien on aménageait, sur le versant nord d'une colline, un caveau où l'on entreposait des blocs de glace recouverts de bran de scie. Durant l'été, ce caveau servait de glacière pour la viande, les œufs et les produits laitiers. En dernier ressort, on recourait au salage et au fumage par lesquels on obtenait une viande séchée, tel le pemmican.

Mais le progrès a fait son œuvre et les chasseurs d'aujourd'hui disposent de moyens de conservation des plus perfectionnés. On pense bien sûr à la réfrigération et à la congélation. Ces procédés sont cependant tout au bout de la chaîne. Le moment crucial qui déterminera la quantité de viande que rapportera votre gibier se situe entre l'abattage et le dépeçage chez le boucher.

Par des explications concrètes et abondamment illustrées, le présent livre traite des nombreux moyens et techniques qui feront de vous un gagnant. Un tir précis dans une zone vitale du gibier, le choix de l'animal à abattre, un refroidissement rapide de la viande, des abris à toute épreuve, des outils de qualité et en bon état, une connaissance de l'ostéologie sont autant d'aspects qui concourent à une moins grande perte de viande. Vous trouverez également un chapitre sur la préparation finale des abats, première récompense du chasseur, un autre sur les principales affections qui touchent les différentes espèces de cervidés et, enfin, quelques pages sur la naturalisation.

Chapitre premier

Les zones vitales et la récupération du gibier

La meilleure façon d'abattre proprement un gibier et sans le faire souffrir est de l'atteindre dans l'une de ses parties vitales (voir figure ci-après). Votre tâche après le coup de feu, c'est-à-dire lors du pistage et de la récupération, n'en sera que plus facile.

Les bons tirs

Peu importe la distance à laquelle vous tirez, vous ne vous trompez pas en visant l'arrière de la patte avant, c'est-à-dire la cage thoracique. Le cœur, situé dans la partie inférieure, le foie, entre la 7e et la 10e côte et les poumons sont des organes très vulnérables et l'animal atteint à l'un de ces endroits ne survivra pas.

Il y a deux avantages à viser la cage thoracique: vu sa grande surface, vous augmentez vos chances d'atteindre votre cible, et la perte de la viande est minime. Donc si l'animal est de côté, vous êtes presque assuré de l'abattre. S'il est de face, le centre du poitrail est alors la cible idéale.

À faible distance de l'animal, vous pouvez tirer dans la tête, plus précisément derrière l'œil vis-à-vis le cône de l'oreille afin de percuter la cervelle.

Le tir dans le cou de l'animal peut s'avérer très efficace s'il est précis. Cependant, les vertèbres cervica-

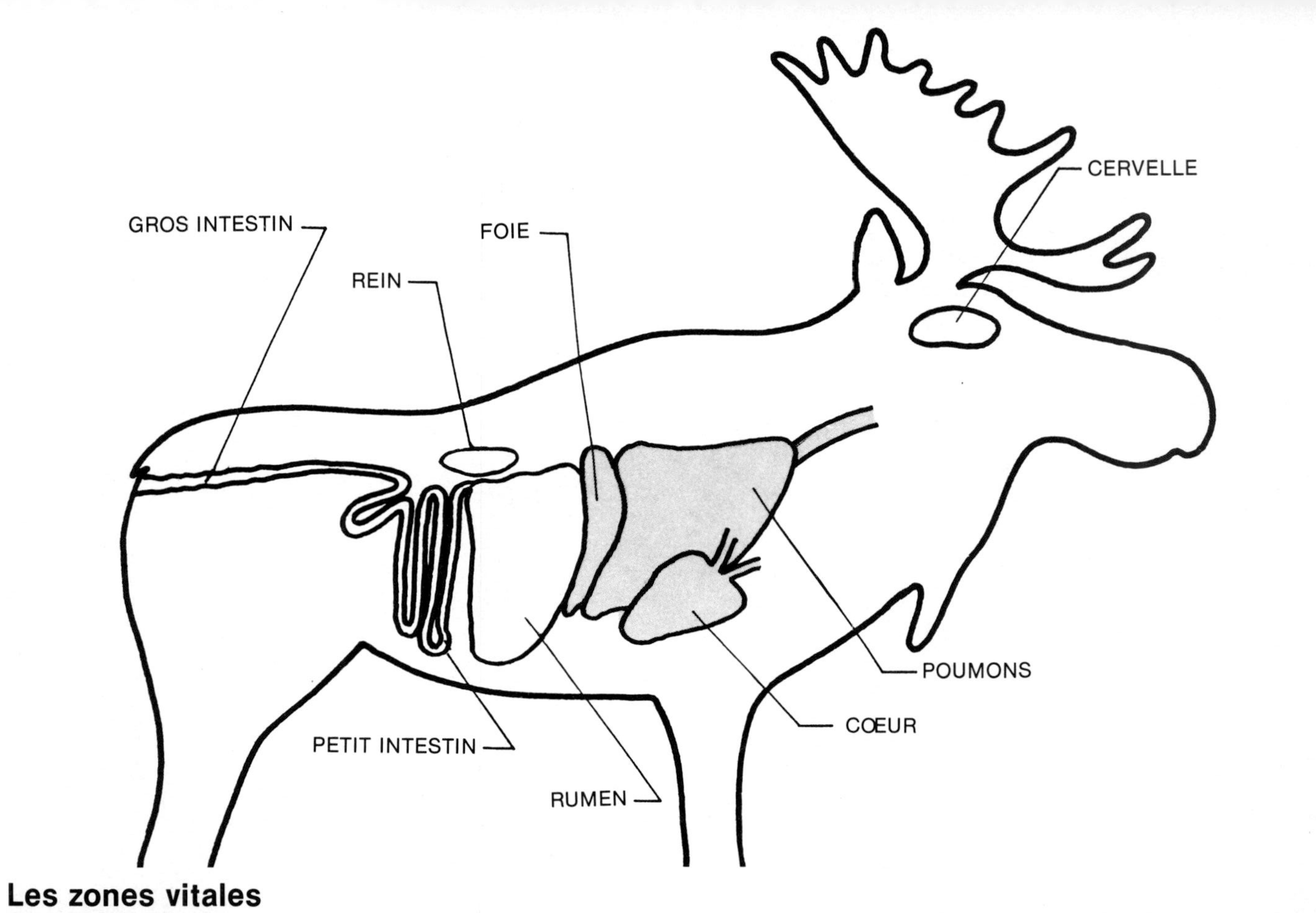

Les zones vitales

Les zones ombragées représentent les trois principaux points vitaux de l'animal que tout bon chasseur doit s'efforcer de viser.

les n'occupent qu'une petite surface et sont de ce fait une cible difficile à atteindre.

Ne tirez pas sur un animal qui vous présente son postérieur car vos chances de l'abattre sont très minces. De toute façon, si vous atteignez votre cible, l'animal ne succombera à ses blessures intestinales qu'après de longues heures de souffrance; et si jamais vous réussissez à le récupérer, vous constaterez une perte importante de viande. Il vaut souvent mieux prendre une fraction de seconde de plus et avoir un tir précis dans une zone vitale.

La bosse ou garrot de l'orignal est la cible favorite de plusieurs chasseurs. Elle représente un point vital dans le mesure où il y a bris osseux ou dislocation des vertèbres (dorsales). La coupure de la moelle épinière causée par cette blessure entraînera une paralysie chez l'animal. Mais si vous ratez votre tir et que la balle va se loger dans les chairs, l'animal ne ralentira même pas sa course.

L'art du pistage

La chasse au gros gibier est certes celle qui demande le plus de sang-froid et de maîtrise de soi, particulièrement lorsque l'animal blessé prend la fuite. Le novice ou le chasseur qui ne s'est jamais retrouvé dans cette situation aura tendance à se lancer immédiatement à la poursuite de sa proie, souvent de peur de la perdre. Dans bien des cas, ce geste hâtif détruira tous ses beaux rêves.

La très grande résistance physique des cervidés leur permet de courir sur des distances qui sont parfois très surprenantes pour un animal blessé. Une bête traquée n'aura de repos que lorsqu'elle se sentira en sécurité, à moins que la mort n'ait raison d'elle avant. Elle essayera désespérément de retrouver son gîte, et cet endroit est souvent très difficile d'accès pour le chasseur, par exemple un fourré très dense.

Bien sûr, un gibier atteint à la tête, à la colonne vertébrale ou au cœur croulera souvent sur place. Mais celui qui est blessé aux poumons, au foie ou dont une artère principale a été sectionnée, aura encore assez de force pour couvrir une distance plus ou moins grande. De même, une bête blessée aux intestins pourra faire courir le chasseur pendant plusieurs heures. Enfin, si seule la musculature a été endommagée et qu'aucune veine importante n'a été touchée, votre gibier ralentira sa course mais il survivra à sa blessure. Autrement dit, oubliez-le. À preuve, il arrive fréquemment que des bouchers trouvent des traces d'anciennes blessures musculaires.

Donc, quel que soit le moment de la journée où vous abattez votre gibier, ne partez jamais à sa poursuite immédiatement après le coup de feu. Laissez-lui plutôt le temps de se coucher: il succombera plus vite à ses blessures. À ce moment-là, l'engourdissement causé par l'hémorragie interne privera graduellement l'animal de ses facultés de locomotion.

La quantité de sang perdue par l'animal blessé de même que sa couleur et sa dispersion sur le sol sont des indices indispensables que le chasseur doit savoir reconnaître afin de pouvoir pister la bête.

Des gouttes continues de sang noir indiquent que des vaisseaux importants ont été sectionnés. Votre gibier n'ira pas loin, soyez patient. De petites larmes de sang clair situées au centre de la trace du gibier indiquent que le système respiratoire est atteint (photo 1.1). Examinez les branches et les feuilles à la hauteur de votre cuisse, elles seront probablement tachées de sang un peu comme si on les avait vaporisées. Une bête atteinte dans la partie supérieure des intestins ne laissera pratiquement pas de traces, sauf peut-être quelques gouttes de sang clair. Par contre, dans le cas d'une blessure à la partie inférieure de l'abdomen, il y aura écoulement de plus en plus important de sang noir: vous apercevrez d'abord des gouttelettes de la grosseur d'un pois puis de petites mares de sang. Soyez vigilant et ne faites pas de bruit. Enfin, si l'animal n'a qu'une blessure musculaire mineure, vous verrez de fines gouttelettes de sang clair accompagnées de poils.

Notons que certaines blessures ne sont pas toujours accompagnées d'un écoulement sanguin, notamment celles situées dans le haut de la cage thoracique sous la colonne vertébrale. Il devient donc important d'observer attentivement le comportement de l'animal après le coup de feu. Un gibier, dans la plupart des cas, montre des signes évidents de blessure: chancellement, hérissement des poils, soubresauts, etc.

Ainsi, la première chose à faire après le coup de feu est de repérer l'endroit exact où l'animal se trouvait au moment du tir. Marquez également l'endroit où vous vous trouvez, soit en laissant un gant ou un autre objet, soit avec du ruban marqueur en plastique orange fluorescent (qui servira plus tard lors du pistage). Si le repérage s'avérait difficile, vous pourriez regagner votre place de départ.

Il vous faut ensuite attendre au moins trente minutes avant de vous lancer sur les traces du gibier convoité. Après avoir analysé les traces de sang et de pas, marchez lentement sans faire de bruit tout en scrutant les environs. Il arrive que le gibier retourne sur ses traces; il faut donc être attentif aux moindres bruits. Si l'animal ne vous a ni vu ni entendu, il est probablement encore dans les parages: soyez vigilant.

La récupération d'un animal sous l'eau

Il arrive parfois que l'animal blessé se dirige vers un plan d'eau, quand il n'a pas tout simplement été abattu à cet endroit. Plusieurs situations peuvent se présenter: selon que l'animal est un mâle * ou une femelle, qu'il flotte ou qu'il coule, qu'il se trouve près ou loin de la rive, certaines méthodes seront plus appropriées ou plus sécuritaires.

Plus souvent qu'autrement, un animal qui meurt dans l'eau flotte (photo 1.2). Avant de le récupérer, il vaut toujours mieux s'assurer qu'il est bien mort: il a alors les yeux ouverts. Vous éviterez peut-être ainsi une catastrophe. Si vous avez abattu un mâle, vous n'avez qu'à le tirer hors de l'eau ou à le remorquer à l'aide d'une corde attachée au panache (photo 1.3). Dans le cas d'une femelle, vous devez passer la corde à travers ses narines où vous aurez pratiqué une incision.

Mais il arrive aussi que l'animal coule. Dans ce cas, il ne faut pas paniquer et, surtout, ne pas brouiller l'eau, ce qui compliquerait le repérage. Les méthodes qui suivent nécessitent toutes l'utilisation d'une embarcation, dans

---

* Les méthodes décrites pour récupérer un mâle s'appliquent pour le caribou femelle, qui est porteur de panache.

Photo 1.1 **Des petites gouttes de sang clair indiquent que l'orignal a été atteint aux poumons.**

Photo 1.2 **Femelle qui flotte sur l'eau.**

Photo 1.3 **La corde attachée autour du panache facilite le halage de l'animal sur la grève.**

laquelle vous aurez pris soin de mettre une corde, une ancre et un vêtement de flottaison.

Si vous savez où se trouve l'animal, nouez la ceinture à une extrémité de la corde et à l'autre l'ancre, et faites descendre celle-ci près du corps de l'animal. S'il s'agit d'une femelle, décrivez de larges cercles en donnant du lâche à la corde pour l'enrouler entre les pattes de l'animal. S'il s'agit d'un mâle, faites des cercles plus petits et enroulez la corde autour du panache comme le montre l'illustration suivante.

Récupération d'un mâle sous l'eau

Une fois que vous avez retrouvé l'animal, au moyen du vêtement de flottaison et de l'ancre attachés à une corde, enroulez celle-ci autour du panache.

Il y a une autre méthode pour retrouver un animal au fond de l'eau, c'est la méthode indienne. À l'aide d'une perche à laquelle vous avez noué une longue corde (à environ 45 cm de l'extrémité inférieure), tâtez le fond de l'eau. Après avoir piqué la perche près du corps de l'animal, décrivez de larges cercles avec la corde en donnant du lâche. Une fois que la corde est bien enroulée autour de l'animal, tirez lentement la perche et la corde, et le tour est joué.

Un palan peut grandement faciliter la récupération d'un animal mort sous l'eau dans un barrage de castors. Vous devez attacher la corde du palan autour du cou de la femelle ou autour du panache du mâle. Mais dans ces endroits, où les arbres sont abondants et l'eau peu profonde, la récupération de l'animal peut devenir très difficile si le panache s'y enchevêtre. Si vous ne pouvez pas couper les branches, il vous faudra disjoindre la tête du corps de l'animal en coupant le muscle à la base du crâne et en disloquant les vertèbres cervicales. Vous hisserez ensuite le corps à l'aide d'une corde, puis récupérerez la tête.

La pratique régulière du tir est une préparation essentielle à la réussite de votre chasse. Elle vous permettra d'acquérir une confiance en vous qui, alliée à une bonne connaissance des points vitaux chez l'animal, vous garantira, le moment venu, un tir précis.

Et si votre gibier prend la fuite, calme et maîtrise de soi seront alors vos atouts, sans parler des signes laissés par la bête qu'il vous faudra analyser avec soin. Là réside tout l'aspect stratégique de la chasse et du pistage.

CONSEILS PRATIQUES

La force de frappe

Bien que les questions de balistique soient souvent affaire de préférence ou d'expériences personnelles concluantes, un fait demeure: pour tuer proprement un gros gibier, une certaine force de frappe est nécessaire. Elle est de 1200 pi/lb pour le chevreuil, de 1400 pour le caribou et de 1800 pour l'orignal.

Les pressions de chasse ont augmenté au cours des deux dernières décennies, et le gibier est de plus en plus rusé et méfiant. Les tirs sur de grandes distances sont de plus en plus fréquents et le jour n'est peut-être pas loin où vous aurez à tirer un animal à 300 verges. Il faut donc avoir une arme ajustée à la perfection et de calibre approprié.

Les calibres 30-30, 32 spéciale, 243, 250-3000 et 300 Savage conviennent très bien pour le chevreuil mais pas pour l'orignal. Le calibre 308 est, lui, idéal pour le chevreuil et le caribou mais manque légèrement de puissance pour l'orignal sur une grande distance. Les deux calibres intermédiaires répondant aux exigences des différentes chasses aux gros gibiers demeurent la .270 et la 30-06 à condition qu'ils soient utilisés avec des balles appropriées. Certains chasseurs préfèrent la 150 grains, d'autres la 180 grains.

La conception du nouveau projectile de type *boat tail* lui confère une plus grande vélocité et force de frappe tout en maintenant une trajectoire assez stable. Ces balles sont offertes dans un poids de 165 grains pour la plupart des calibres.

Certains chasseurs ne jurent que par les calibres magnum: 7 mm magnum, 300 magnum et 308 norma magnum. Ces armes n'ont pas leur place à la chasse au chevreuil ou au caribou. Par contre, dans les mains d'un tireur habile qui ne craint pas leur recul, elles demeurent très efficaces pour la chasse à l'orignal. Mais un projectile trop puissant qui a, par exemple, percuté un os suite à un mauvais tir, entraînera toujours une plus grande perte de viande (photo 1.4).

Bien entendu, il est inutile d'utiliser de tels calibres si on ferme les yeux pour tirer. Il serait tout aussi inutile

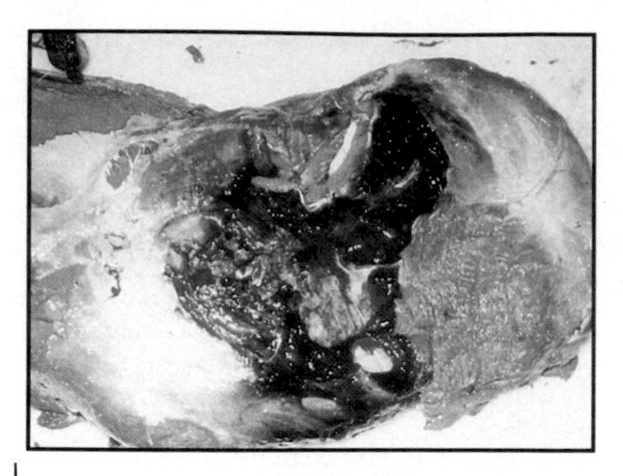

Photo 1.4 **Viande endommagée par un projectile qui a percuté un os.**

de parler de force de frappe si le tir n'est pas précis. La pratique est de mise. De plus, après chaque voyage, il est important de vérifier sa carabine car le télescope pourrait s'être déplacé durant le transport, particulièrement en avion ou en train.

Chapitre 2

Les causes de la perte de venaison

Des centaines de chasseurs défilent chaque année dans nos forêts sans avoir la moindre idée des soins à apporter à la viande de gibier. La conséquence inévitable de ce manque de connaissances et de techniques est un énorme gaspillage de viande, puisque ce sont des milliers de kilogrammes qui sont ainsi perdus. Il n'est donc pas inutile de rappeler les principales erreurs commises par les chasseurs et de voir les moyens dont ils disposent, dans la toundra comme dans la forêt, pour éviter de revenir déçus ou tout simplement «bredouilles».

Le retard de l'éviscération

Le retard de l'éviscération est la cause la plus fréquente et aussi la plus coûteuse car elle entraîne souvent une perte totale de la carcasse.

Pourquoi? C'est très simple. Dès la mort de l'animal, le processus de fermentation commence, d'abord dans l'estomac puis dans la partie intestinale, et va en s'accroissant. Cette fermentation qui empêche le refroidissement de la carcasse est plus ou moins rapide selon les espèces. En d'autres termes, le délai après lequel il peut être trop tard varie: il est (approximativement) de trente minutes pour le caribou, de deux heures pour le chevreuil et de trois heures pour l'orignal. Bien sûr, il faut compter avec la température ambiante: la chaleur accélère le processus de détérioration alors que le froid le ralentit.

Néanmoins, si pour des raisons indépendantes de votre volonté vous avez dépassé ces délais, procédez aussitôt à l'éviscération de l'animal et suspendez-le, même si une forte odeur (œufs pourris) s'en dégage au moment du travail. Une fois que la carcasse sera refroidie, vérifiez si cette odeur persiste sur la chair. Si elle s'est dissipée, l'animal n'avait qu'un début d'échauffement. Dans le cas contraire, faites une petite incision sur le quartier arrière, vis-à-vis l'articulation de l'os du bassin (coxal) et de la cuisse (fémur) et passez votre doigt sur la tête du fémur jusqu'en arrière. Si l'odeur qui se dégage de votre doigt est légère, une bonne quantité de viande peut être récupérée. Autrement, il vous faudra ramener ces quartiers et les faire examiner par un spécialiste (boucher expert, inspecteur sanitaire ou autre) qui sera en mesure de déterminer si un ou plusieurs quartiers peuvent être récupérés.

La mauvaise aération

Le manque d'aération pendant le refroidissement et le transport des carcasses cause lui aussi de grandes pertes de viande.

Après l'éviscération, vous devez procéder à la coupe en quartiers, puis suspendre ces derniers afin d'assurer une bonne circulation d'air autour d'eux (photo 2.1). Le refroidissement n'en sera que plus rapide. S'il vous est impossible d'effectuer cette coupe, vous devez alors coucher l'animal sur le dos et glisser sous lui des pierres ou des rondins. Maintenez les flancs et la cage thoracique ouverts à l'aide de grosses branches. Ce dernier procédé vaut également pour les carcasses que l'on suspend (photo 2.2).

En ce qui concerne le transport en véhicule, vous pouvez placer les petits cervidés sur le toit à condition d'orienter la cage thoracique vers l'arrière. Le transport dans une remorque s'avère idéal en autant que la viande est protégée des poussières de la route. Si vous transportez vos quartiers dans une fourgonnette ou un véhicule familial, prenez soin de protéger le plancher avec du polythène ou du papier (photo 2.3). De plus, placez des billots ou des madriers sous les quartiers afin d'assurer une bonne circulation d'air (photo 2.4). Laissez également soit une vitre baissée, soit le toit ouvrant ou la trappe d'aération ouverts.

Lors d'excursions de chasse au caribou ou au chevreuil, certains pourvoyeurs déposent les quartiers dans des boîtes de carton ciré spécialement conçues pour le transport en avion (photo 2.5). Ces contenants devraient être pourvus d'ouvertures afin de favoriser la circulation d'air. Après le transport, ouvrez les boîtes et faites de même chez votre boucher car la viande aura probablement chauffé quelque peu pendant le voyage.

Par contre, il ne faut pas ouvrir les boîtes isolantes utilisées pour le transport des viandes préparées et congelées — ce service est offert dans certaines pourvoiries.

La chaleur

La chaleur est le pire ennemi de la viande de gibier. Le début hâtif de certaines saisons de chasse et l'instabilité du climat compliquent souvent la vie des chasseurs moins expérimentés et peuvent occasionner de désagréables surprises.

Il est bien connu que le froid est la seule façon de conserver la viande sans en altérer le goût. La température de conservation idéale se situe autour de 1° à 3°C avec un taux d'humidité d'environ 85%. Ces conditions sont celles d'un réfrigérateur de boucherie.

La température d'un animal vivant est d'environ 38°C. Si les conditions en forêt sont très favorables, il faut environ 12 heures pour que la température de la carcasse atteigne le degré de conservation idéal. Mais si la température ambiante est de 15°C (photo 2.6), la température de la carcasse ne s'abaissera qu'à ce degré et les dangers que la viande se gâte sont alors très élevés.

Pour toutes ces raisons, il faut, après l'éviscération ou le débitage, faire refroidir les quartiers le plus rapidement possible. Un des moyens, comme on l'a déjà dit, est de les suspendre dans un endroit ombragé et bien aéré. Les abords des lacs et des rivières sont à cet égard idéals et, de plus, les moustiques y sont moins nombreux. Vous pouvez aussi déposer les quartiers (avec beaucoup de

a)

Photo 2.1 (*a*) Pour assurer une bonne aération, il faut suspendre les quartiers, auxquels on a laissé la peau, et (*b*) les recouvrir de coton à fromage.

b)

Photo 2.2 L'ouverture de la cage thoracique et de la cavité abdominale avec des bâtons favorise le ◀refroidissement de la carcasse.

Photos 2.3 et 2.4 Voici la meilleure façon de protéger le plancher de votre camionnette et d'assurer une bonne circulation d'air autour des quartiers.▼

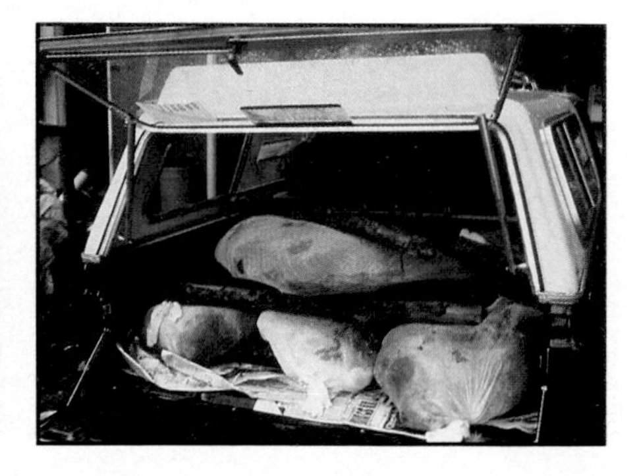

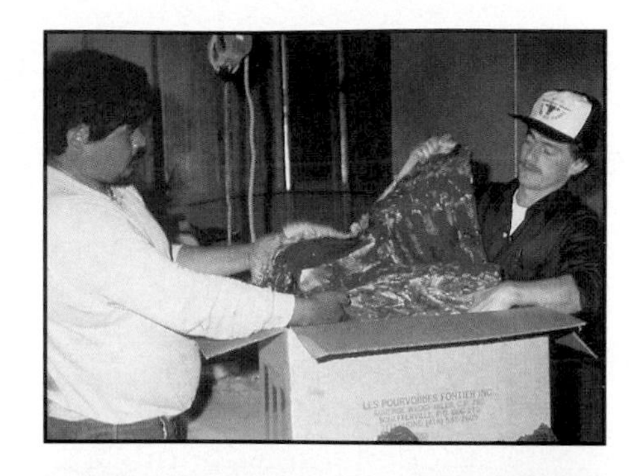

Photo 2.5 Les boîtes de carton ciré conçues pour le transport du gibier doivent être pourvues d'ouvertures.

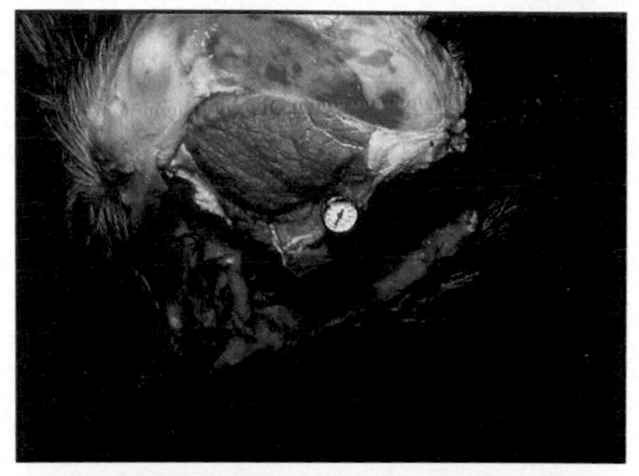

Photo 2.6 Le thermomètre-sonde introduit au centre de l'arrière de l'animal (ici un orignal) indique que la chaleur interne n'a pas suffisamment baissé et qu'il faut favoriser le refroidissement des chairs.

Photo 2.7 Quartiers déposés sur un rocher au bord de l'eau pour en favoriser le refroidissement.

précautions) sur des pierres ou des rochers à fleur d'eau (photo 2.7).

Si vous disposez d'une embarcation, canot ou chaloupe motorisée, placez-y les quartiers en les surélevant sur des rondins ou sur les rames, et ancrez-le à une certaine distance de la rive ou, mieux, promenez-vous sur l'eau. L'air ambiant, qui y est plus frais, et la circulation d'air produite par le déplacement accéléreront le refroidissement des quartiers. De plus, la membrane qui tapisse l'intérieur de ceux-ci séchera plus vite et il y aura beaucoup moins de risque que les mouches y pondent leurs œufs. Vous pouvez profiter de l'occasion pour nettoyer les quartiers (avec un linge humide, jamais à grande eau).

Malheureusement, peu de chasseurs encore connaissent cette méthode. Nous ne pouvons que vous la conseiller, pour l'avoir appliquée à plusieurs reprises. Et toujours avec succès... contrairement à ces chasseurs qui, au moment de l'enregistrement de notre gibier à un poste de contrôle du MLCP, se présentèrent chargés d'un orignal infesté de vers. Ils l'avaient pourtant abattu dans les mêmes conditions que nous, c'est-à-dire par une journée très chaude et sans vent.

Dans de telles conditions, les autres méthodes de refroidissement, plus courantes, sont beaucoup moins efficaces. C'est pourquoi, après avoir éviscéré et coupé notre orignal en quartiers le plus rapidement possible, nous avons entrepris une promenade de deux à trois heures sur l'eau. C'était la seule façon de sauver notre venaison. D'ailleurs lorsqu'il y a un grand nombre de mouches à vers sur les viscères de l'animal (signe qu'il fait très chaud), cette méthode de refroidissement est la plus indiquée.

Comme on vient de le voir, les mouches à vers, en période de chaleur, sont un sérieux problème. Ces grosses mouches vertes ne doivent en aucun cas se poser sur la viande. Elles pondent des œufs (photo 2.8) qui se transforment en larves (vers) après l'éclosion. Celle-ci a lieu 12 à 24 heures après la ponte.

Les endroits de prédilection pour la ponte sont les amas sanguins et particulièrement les veines ou artères coupées, par lesquelles les vers pénètrent dans les chairs. Examinez attentivement la veine située près du centre de la première côte (photo 2.9 *a*), l'artère fémorale (photo 2.9 *b*) qui se trouve sur le dessus du filet près du coxal (os du bassin) et, surtout, l'artère carotide située dans le cou de l'animal. À cause de la coupe de la tête, cet endroit est devenu très vulnérable. Il vous faut aussi surveiller les plaies causées par les projectiles et surtout prendre soin de les nettoyer.

Si l'éclosion est minime, vous ne verrez en surface que quelques asticots. Si, par contre, un grand nombre de vers infectent une partie externe du quartier, vous devez tout d'abord enlever ces vers, ainsi qu'une mince couche de viande à cet endroit. Ensuite, faites de petites incisions de 2 cm sur le dessus du conduit à environ tous les 10 cm, et ce jusqu'à ce que vous ne trouviez plus de vers à l'intérieur des conduits sanguins. Il y a de fortes chances qu'ils ne soient pas allés plus loin.

L'efficacité du poivre comme moyen d'éloigner les mouches n'est pas toujours facile à prouver. Les chasseurs qui prétendent avoir sauvé leur venaison en utilisant cette épice (en abondance) avouent aussi avoir employé d'autres moyens, ceux-là mêmes que nous préconisons, à savoir le refroidissement rapide et la protection des quartiers avec du coton à fromage. Il est donc permis de penser que ce succès est dû à une addition de procédés.

Néanmoins, si vous tenez absolument à utiliser le poivre pour éloigner les mouches, n'en mettez qu'une pincée et seulement sur les trois artères principales mentionnées plus haut. Cette épice pénètre dans les chairs et en altère le goût.

La mauvaise protection des quartiers

Plusieurs chasseurs écorchent leur gibier pour en alléger la masse lors du transport ou du pesage chez le boucher. Il en résulte une augmentation de la perte en viande car une croûte d'environ 5 mm ou plus se formera sur les quartiers et devra être enlevée par le boucher (photo 2.10). De plus, la trop grande évaporation d'humidité affecte la qualité des viandes.

La peau de l'animal est une protection naturelle qui conserve à la viande son humidité, sa propreté et sa saveur. Et de cette façon, vous augmenterez la masse nette en viande.

Il est aussi très important de recouvrir les quartiers de coton à fromage car il empêche les mouches de déposer leurs œufs sur les quartiers (photo 2.11). Mais comme elles peuvent pondre au travers du tissu, il est préférable d'en recouvrir les quartiers de deux couches et de placer à divers endroits de petites branches pour éviter le contact direct avec la chair.

Photo 2.8 Nid d'asticots (petits vers blancs) sur un morceau de viande.

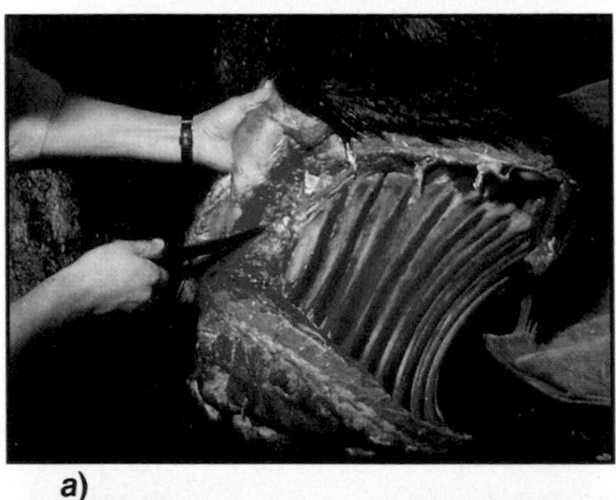

a)

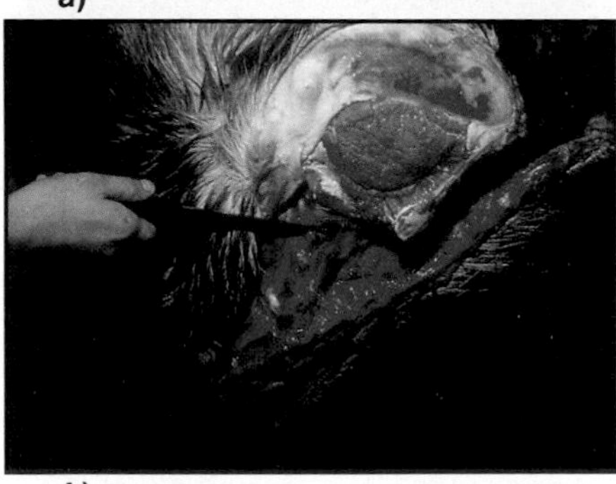

b)

Photo 2.9 (*a*) La veine située près du centre de la première côte et (*b*) l'artère fémorale au-dessus du filet près du coxal sont des endroits de prédilection pour la ponte des œufs.

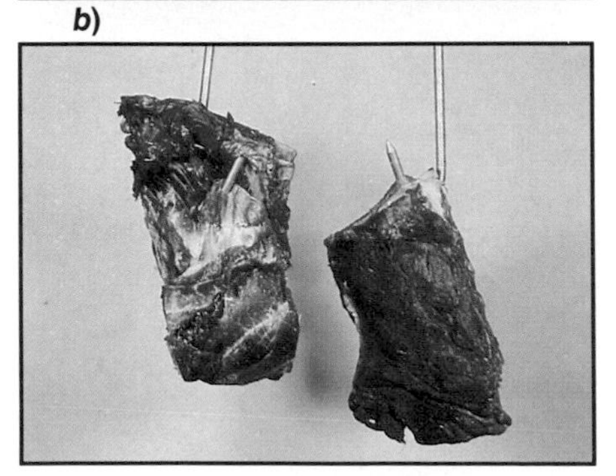

Photo 2.10 La croûte qu'il faudra enlever sur ces quartiers de caribou écorchés représente une importante perte de viande.

Photo 2.11 **Il n'est pas superflu de recouvrir un chevreuil de coton à fromage pour le protéger des mouches, surtout s'il fait chaud.**

Le transport sur le capot d'un véhicule

Il est inconcevable de voir, encore de nos jours, des chasseurs placer leur gibier sur le capot d'un véhicule. Même sur une très courte distance, cet animal chauffera par la chaleur du moteur. C'est bien sûr un endroit tout indiqué pour parader avec votre trophée mais tout à fait déconseillé si vous tenez à votre venaison.

Des méthodes douteuses...

Faire de la fumée est un moyen connu pour éloigner les mouches. Mais le désavantage de cette pratique est que la viande aura un goût de «boucane», et 200 kilogrammes d'orignal fumé, c'est long à manger! De plus, votre congélateur sera imprégné de cette odeur.

La méthode de refroidissement (par temps chaud) qui consiste à déposer dans l'eau les quartiers de viande emballés dans des sacs de plastique, en est une presque assurée pour perdre votre venaison. Tout d'abord, il ne faut jamais placer une viande chaude dans un emballage hermétique car elle ne refroidira pas et la putréfaction sera plus rapide. De plus, si l'enveloppe utilisée n'est pas parfaitement étanche, l'eau s'infiltrera dans les tissus musculaires et la viande sera portée à bouillir lors de la cuisson en plus d'avoir une teinte grisâtre. Elle sera aussi très difficile à bien conserver. À la congélation, l'eau contenue dans la viande forme des cristaux de glace qui détériorent la chair, ce qui est néfaste pour la qualité nutritive (perte de sucs à la décongélation), l'aspect et le goût de la viande.

En guise de conclusion, précisons que la viande d'orignal est celle qui subit le plus de perte en raison de la masse de l'animal; le temps de refroidissement sera plus long vu que les quartiers sont plus épais.

Mais quels que soient la grosseur de l'animal et les conditions lors de l'abattage, le secret se résume à ceci: favoriser un refroidissement rapide de la viande en appliquant les divers procédés que l'on vient de voir, selon la situation. Et si vous avez une embarcation, motorisée ou non, n'hésitez pas à utiliser notre méthode.

CONSEILS PRATIQUES

Le pourcentage de viande récupérée

La majorité des chasseurs laisse le travail de dépeçage à un boucher qui sait peut-être mieux que quiconque comment obtenir le maximum de viande. Mais cet expert n'est pas un magicien! La masse de viande que rapporteront vos quartiers de gibier dépend avant tout des soins apportés tout au long des étapes précédentes.

Prenons une carcasse d'orignal de 350 kg (ce qui représente une minorité des orignaux) et une carcasse moyenne de 250 kg, et reconstituons notre gibier à partir de ces deux exemples.

PARTIES DE L'ANIMAL	MASSE EN KILOGRAMMES *	
Quartiers (4) avec la peau	250	350
Panse et intestins	30	40
Pattes	8	10
Tête **	20	40
Abats	6	10
Sang	10	15
Masse totale de l'orignal	324	465

Dans les meilleures conditions, vous pouvez récupérer environ 60% de la masse des quartiers en viande, ce qui équivaut à 150 kg pour un orignal de 324 kg et à 210 kg pour un de 465 kg. Dans la majorité des cas, le pourcentage de perte est d'environ 50%, et pour les animaux malpropres ou mal tirés, il peut aller jusqu'à 60%. Les chasseurs négligents écopent d'ailleurs des plus forts pourcentages de perte. Pour le chevreuil, la perte représente environ 50% parce que l'animal est pesé avec la tête et les pattes, à l'exception des viscères.

* Ces chiffres sont approximatifs.

** Sans panache. Le rendement en viande d'un mâle et d'une femelle de même masse s'équivaut.

Chapitre 3

Les facteurs de tendreté de la viande

La qualité de la viande (tendreté, saveur, texture) dépend de différents facteurs: les conditions *ante mortem* c'est-à-dire l'âge, les habitudes de vie et le type d'alimentation de l'animal, y compris l'état de celui-ci juste avant l'abattage (par exemple l'état de stress ou d'excitation sexuelle); les facteurs extérieurs, tout particulièrement la maturation qui, elle, dépend des conditions de refroidissement de la carcasse en forêt.

Les conditions *ante mortem*

Voyons d'abord ce qu'il en est pour l'orignal.

La chair d'un veau de six mois est d'une tendreté incomparable et d'une texture très fine (elle fond dans la bouche) du fait que l'alimentation de l'animal se compose presque exclusivement de lait maternel, et de jeunes pousses tendres durant les dernières semaines de sa vie.

Les animaux d'un an et demi, mâles comme femelles, ont une chair presque aussi tendre que celle des plus jeunes. Le fait que les mâles soient en période de rut au moment de l'abattage influe quelque peu sur la tendreté de la viande.

La troisième catégorie comprend les bêtes entre deux ans et demi et quatre ans et demi. En général, les femelles s'installent sur un territoire où la nourriture est très abondante et se déplacent très peu, accumulant ainsi des réserves de graisse. Une femelle qui n'a pas été fécondée (nullipare) aura une viande d'une qualité exceptionnelle. Par contre, la qualité de la viande d'une femelle primipare aura diminué quelque peu à cause de l'énergie dépensée à l'alimentation de son veau. La femelle qui a mis bas des jumeaux sera, elle, moins en chair que la précédente.

Le mâle qui est en quête de femelles parcourt de plus grandes distances et cesse de s'alimenter. Il doit donc puiser ses énergies dans ses réserves de graisse, d'où une diminution de son gras de couverture et intermusculaire. Cette diminution a un effet néfaste sur la qualité et la tendreté de la venaison.

Contrairement à l'animal de deux ans et demi qui, à cause de ses bois restreints, n'affronte que très rarement ses aînés, celui de quatre ans et demi, porteur d'un plus gros panache, ne recule pas devant un congénère du même âge. Selon les bouchers, ces mâles intermédiaires présentent souvent des meurtrissures aux épaules, aux flancs et aux fesses, causées par les coups de panache. La viande de ces animaux va de moyennement tendre à légèrement coriace.

Dans le quatrième groupe, qui comprend les bêtes de cinq ans et demi à huit ans et demi, la qualité de la viande chez les mâles réserve des surprises. Par exemple, un mâle seul dans un secteur et entouré de quelques femelles, aura une viande d'une tendreté moyenne alors que celui qui fait partie d'un groupe ayant combattu pour obtenir les faveurs d'une femelle aura une viande très coriace.

Ces mâles expérimentés et dans la force de l'âge sont pour la plupart pourvus de beaux panaches. Ils n'hésiteront donc pas à se battre, peu importe la grosseur de leur adversaire et les combats qu'ils livrent sont d'une violence inouïe. Si les deux opposants ont sensiblement la même taille, l'affrontement peut durer des heures. Dans ce cas, même les parties généralement tendres, telles que les faux-filets et les contre-filets, peuvent résister sous la dent. Si l'un des adversaires est plus faible, il abandonnera le combat après quelques instants et la qualité de la viande sera moins altérée.

Par contre, la viande des femelles de ce quatrième groupe d'âge est d'une tendreté comparable à celle des animaux du deuxième groupe. D'ailleurs, il est rare de trouver une femelle dont la tendreté de la viande laisse à désirer.

Enfin, la viande des mâles plus âgés est soit coriace, soit extrêmement coriace et ne s'améliore pas avec l'âge. Ces orignaux, dont les forces s'amoindrissent au fil des ans, affrontent leurs cadets qui, eux, sont au maximum de leur puissance. Ces combats, souvent de forces inégales, avec des sujets plus jeunes ne font qu'altérer la qualité de la viande. Ces derniers repoussent à coup de panache les plus vieux chez qui l'appétit sexuel est toujours présent.

Chez les vieilles femelles, l'intensité de l'activité reproductrice est l'élément déterminant. Si une femelle a mis bas tout au long de sa vie, ses chairs seront flasques et molles, donc d'une tendreté qui laissera à désirer. Par contre, chez une femelle nullipare ou qui n'a pas été en période de gestation depuis quelques années, les muscles auront repris une certaine vigueur et la viande sera d'une meilleure qualité que chez les précédentes.

Chevreuil et caribou

Le processus de vieillissement décrit pour l'orignal vaut également pour le chevreuil et pour le caribou. Le daguet, chevreuil âgé d'un an et demi, possède une bonne couche de gras de couverture — il en est de même pour tout animal (caribou, orignal, etc.) vivant dans un habitat où la végétation est abondante, peu importe son âge — et sa viande est généralement tendre. Cette tendreté diminue avec l'âge.

Pour ce qui est du caribou, il est rare qu'un Amérindien du Nouveau-Québec abatte un vieux mâle à la fin de la saison de chasse, qui est le moment de l'accouplement. La raison est bien simple: la viande de ces gros mâles est dure et dégage une odeur d'urine au moment de la cuisson. Le chasseur leur préférera les jeunes mâles et les femelles.

En plus des facteurs que l'on vient de décrire et qui sont résumés dans l'encadré qui suit, l'état dans lequel se trouve l'animal au moment de l'abattage influe sur la

EN GUISE DE RAPPEL

La viande

des jeunes animaux		très tendre
des femelles		très tendre à moyennement tendre
des jeunes mâles	**est**	très tendre à moyennement tendre
des mâles intermédiaires		moyennement tendre à coriace
des mâles âgés		coriace à très coriace

qualité et la tendreté de la viande, et ce chez des individus du même âge et du même sexe.

Certains animaux dégagent, au moment de leur abattage, une odeur désagréable d'urine et de boue. C'est qu'il se produit, chez le mâle en état d'excitation sexuelle, une augmentation de la sécrétion d'albumine. Cette substance présente dans les muscles en altère la couleur et la texture. Même bien assaisonnée la viande conserve un mauvais goût et le foie de ces bêtes est parfois jaunâtre ou marbré. Chez la femelle, cette odeur s'explique par le fait qu'elle se vautre dans l'urine du mâle peu avant l'accouplement. Toutefois, sa viande n'est aucunement altérée puisqu'il n'y a pas de sécrétion d'albumine. Soulignons que ce phénomène a surtout été observé chez l'orignal.

Le stress subi par un animal blessé et traqué, ou qui vient juste de livrer un combat déclenche un phénomène similaire au précédent. L'adrénaline sécrétée par l'organisme en réponse à ce stress se répand dans les tissus musculaires (par la voie sanguine) et en modifie le pH. La viande (et le sang) est alors d'une couleur très foncée et d'une texture collante et pâteuse.

La maturation

La maturation ou vieillissement est un processus biochimique qui conduit à une plus grande tendreté de la viande de gibier (et d'animaux de boucherie). Précisons tout de suite qu'une viande coriace, par exemple celle d'un vieux mâle, ne sera que très peu attendrie par le vieillissement alors qu'une viande tendre le sera davantage. Mais c'est surtout le temps de maturation qui est déterminant et ce facteur dépend des conditions de refroidissement de la carcasse. Ces conditions sont, comme on le sait, très différentes dans un abattoir et dans la forêt.

Dans les meilleures conditions, soit dans un abattoir, où les températures sont rigoureusement contrôlées, une carcasse de boeuf prend environ 12 heures à perdre sa chaleur. La phase de rigidité cadavérique *(rigor mortis)* s'installe dans les 12 à 24 heures suivantes. La maturation débute entre la cinquième et la sixième journée à partir de la mort et s'échelonne en moyenne sur 5 à 12 jours. Elle peut durer davantage mais une plus grande perte en viande en résulterait. Plus une viande est vieillie, plus elle est tendre, mais la perte augmente. Les carcasses qu'on peut laisser vieillir plus de 15 jours sont généralement celles d'animaux pourvus d'une bonne couche de gras de couverture qui constitue une protection contre la perte.

La période de maturation pour le gros gibier varie entre 2 et 15 jours après la mort de l'animal, selon les conditions ambiantes dans la forêt au moment de l'abattage. Plus la carcasse a mis du temps à refroidir, plus la durée de maturation diminue et inversement, d'où l'importance de favoriser un refroidissement rapide.

L'entreposage

Une fois arrivé à bon port, vous devez entreposer votre venaison le plus tôt possible dans un réfrigérateur de boucherie, où la température est constante: 1° à 3°C avec un taux d'humidité de 85%.

Le temps de maturation est terminé lorsque l'empreinte de votre pouce reste bien marquée sur la plèvre (membrane qui tapisse l'intérieur de la cage thoracique et l'abdomen de l'animal). La carcasse est alors prête pour la découpe; vous pouvez l'effectuer la journée même ou au plus tard le lendemain sinon la perte de viande augmentera.

Le tableau qui suit indique la durée approximative de la période de maturation dans un réfrigérateur de boucherie, en fonction des trois principaux facteurs dont nous avons déjà parlé.

Période de maturation des carcasses

TEMPÉRATURE LORS DE L'ABATTAGE	REFROIDISSE-MENT DE LA CARCASSE	CIRCULATION D'AIR PENDANT LE TRANSPORT	DURÉE EN JOURS
Froide 0° à 10°C	12 à 15 h	Très bonne	12 à 15
Moyenne 10° à 15°C	15 à 18 h	Bonne	10 à 12
Moyenne 10° à 15°C	15 à 18 h	Moyenne	8 à 10
Moyenne 10° à 15°C	15 à 18 h	Moyenne	5 à 8
Chaude 15°C et plus	18 à 24 h	Faible	2 à 5 (maximum)

Rappelons que les quartiers de viande doivent être recouverts de leur peau et de coton à fromage. Si la circulation d'air pendant le transport a été faible, vous devez choisir la durée de maturation minimale.

N'oubliez pas que le meilleur endroit pour entreposer votre venaison demeure un réfrigérateur de boucherie. L'entreposage à l'extérieur ou dans un garage comporte des variations de température qui influeront sur le temps de maturation et la qualité de la viande.

Mais il reste que le premier choix s'effectue sur le terrain. Ainsi, entre un vieux mâle usé par trop de combats, que certains traduisent en termes gastronomiques par de la «soupe aux cornes», et une femelle dont la viande est généralement tendre, le chasseur gourmet et de surcroît bien informé préférera souvent la seconde, ou mieux un jeune animal.

Chapitre 4

Outils et accessoires de chasse

La chasse au gros gibier est celle qui requiert le plus grand éventail de matériel: couteaux, scie, hache, pierre à aiguiser, cordes, etc. Le choix des modèles, des marques et de la qualité pour chacun est assez vaste, et il est parfois difficile de s'y retrouver.

Vous trouverez donc dans les pages qui suivent une analyse détaillée des principaux outils et accessoires de chasse qui vous aidera à effectuer un achat judicieux. Nous y traiterons également de leur utilisation et des techniques d'aiguisage.

Les couteaux

Le couteau est sans contredit le plus important de tous les outils de chasse (photos 4.1 et 4.2). Partir en forêt sans couteau ou mal outillé, c'est comme chasser sans arme à feu ou ne pas utiliser le bon calibre. Lors de l'achat, ne vous laissez pas guider seulement par l'apparence et le prix car vous y perdriez au change. Et surtout, rappelez-vous qu'un couteau de chasse ne peut pas servir par exemple à fileter un poisson pas plus qu'un couteau de pêche ne doit être utilisé pour dépecer le gibier. C'est bien dommage, mais le couteau à tout faire n'existe pas encore!

Comme on peut le voir sur l'illustration ci-après, le couteau est composé de trois parties bien distinctes:

la lame, la garde (sauf s'il s'agit d'un couteau à lame pliante) et le manche. Examinons ces trois parties séparément afin de dégager les caractéristiques d'un bon couteau de chasse.

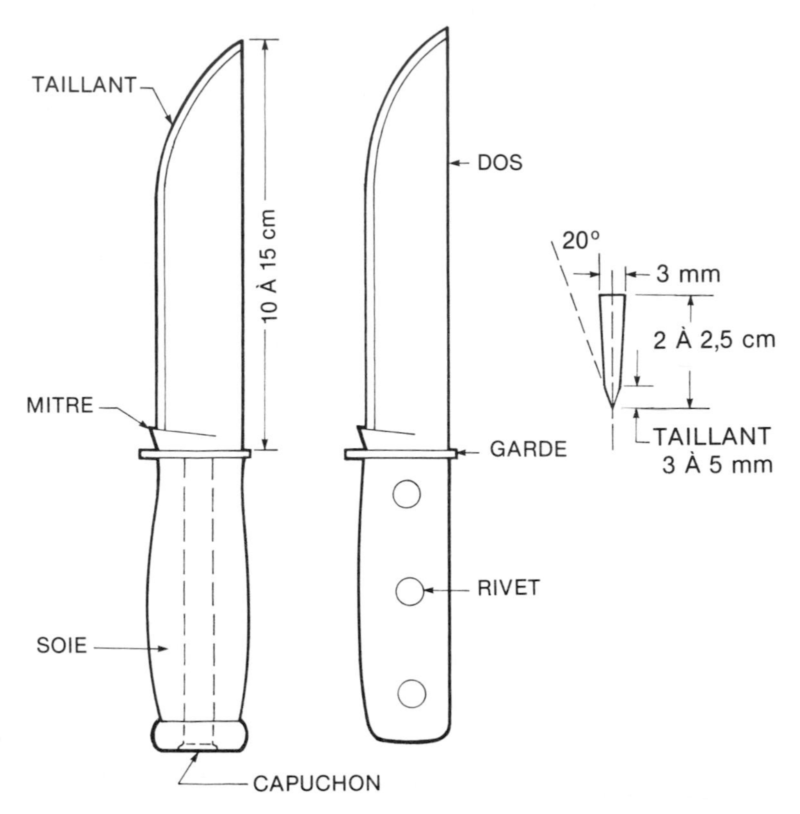

Parties d'un couteau

La lame

Il y a trois aspects à considérer dans la recherche d'une bonne lame: la composition du métal, ses dimensions et son taillant.

La plupart des lames de couteaux sont fabriquées en acier, qui est un alliage de fer et de carbone. Après la fusion dans les hauts fourneaux, il reste entre 1,1 et 4% de carbone et c'est ce pourcentage qui détermine les propriétés de l'acier.

Chaque fabricant a son petit secret et ajoute à l'acier un certain pourcentage d'alliage comme du tungstène, du chrome, du silicium, du nickel, etc., qui, selon lui, augmente la qualité de la lame sur le plan de la légèreté et de la résistance. On utilise aussi très souvent l'acier inoxydable *(stainless)* qui renferme, lui, du nickel et du chrome. Plus la quantité de cet alliage est élevée, plus l'acier est résistant à la rouille.

Quelle que soit sa composition, l'acier utilisé dans la confection des lames doit être trempé, c'est-à-dire durci par la trempe, tout en étant doté d'une certaine élasticité. La dureté de l'acier est exprimée en unités Rockwell C.; plus l'acier est dur, plus le nombre d'unités Rockwell est bas et inversement.

Une lame de qualité doit avoir entre 52 et 56 unités Rockwell C. D'un acier trop trempé (dur) résulte un taillant fragile qui a tendance à s'ébrécher au contact d'une surface trop dure (par exemple un os) s'il est manipulé avec rudesse. Ce type d'acier manque d'élasticité et est par conséquent très difficile à aiguiser. Par contre, un acier trop mou ne garde pas sa coupe et s'use rapidement lors de l'aiguisage.

En résumé, une bonne lame de couteau de chasse devrait se situer dans les standards moyens, c'est-à-dire fabriquée en acier trempé d'une dureté moyenne (environ 0,45% de carbone) et surtout inoxydable. Chez le marchand, il est impossible de faire la distinction entre un acier mou et un acier dur, ou entre les différentes qualités de trempe. Toutefois, on peut se baser sur les normes des fabricants, bien que quelques-uns seulement indiquent les unités Rockwell C. sur leurs couteaux ou dans le dépliant qui les accompagne.

Passons maintenant à l'étude du deuxième aspect: la dimension de la lame.

Le dessus de la lame ou dos doit avoir une épaisseur maximale de 3 mm. Une lame trop épaisse est lourde inutilement. De plus, à force d'être aiguisée, la lame diminue en surface et l'aiguisage est alors de plus en plus difficile. En effet, plus on se rapproche du dos de la lame, plus l'angle à façonner devra être ouvert (obtus).

Le dos de la lame doit idéalement former une ligne droite. Une pointe trop courbée ne peut que vous nuire lors de l'éviscération en plus d'être dangereuse. Une pointe très large convient surtout pour l'écorchage des animaux. La courbure de la lame n'a pas besoin d'être prononcée, un arc de cercle de 3 à 4 cm en partant de la pointe est suffisant.

La largeur idéale de la lame se situe entre 2 et 2,5 cm. Une lame plus large peut occasionner des problèmes lors de l'éviscération et aussi lors du désossement des viandes car elle passera difficilement entre les os.

La longueur de la lame peut varier entre 10 et 15 cm. Une lame trop longue est aussi plus lourde et les risques de perforation intestinale lors de l'éviscération augmentent.

Examinons enfin le taillant (partie coupante) de la lame. Le V qu'il forme a été façonné par l'aiguisage, car à l'origine, il avait une base plate (_/). Lorsqu'un couteau ne coupe plus, c'est qu'il a repris cette forme.

Il est primordial que chaque côté du taillant soit de la même hauteur, environ de 3 à 5 mm, et que l'angle ainsi formé ait 20 degrés.

Un angle trop fermé (aigu), c'est-à-dire lorsque les côtés du V sont très rapprochés, donnera un taillant fragile, qui s'ébréchera facilement et s'usera rapidement. Par contre, si l'angle est trop ouvert, vous aurez de la difficulté à couper la peau et les chairs de l'animal.

La technique d'aiguisage d'un couteau sera traitée un peu plus loin.

La garde

La garde est un élément sécuritaire qui empêche les doigts de glisser du manche vers la lame. Les formes diffèrent d'un modèle à l'autre mais l'important, c'est que le couteau en possède une, si vous tenez à vos doigts...

Le manche

Les manches de couteaux sont de forme et de matériau très variés: bois, os, corne, cuir et matières plastiques ou synthétiques. Libre à vous de choisir celui qui vous plaît. Là où il faut être vigilant, c'est sur la façon dont la lame est fixée au manche et sur le confort de celui-ci pour la main.

Le manche doit être rattaché solidement à la soie (prolongement de la lame à l'intérieur du manche). On trouve principalement deux systèmes d'attache (parfois une combinaison des deux) aussi bons l'un que l'autre. Dans le premier, la soie est fixée au manche au moyen de deux rivets, idéalement trois; dans le second, la soie traverse un manche creux et est retenue à l'extrémité par un capuchon métallique vissé ou fixe.

Le critère de confort est aussi très important. Le manche doit être assez gros pour que la main le recouvre entièrement, ce qui assure une prise ferme et empêche une rotation du couteau à l'intérieur de la main au moindre effort.

Le fourreau

Un bon fourreau doit être utilitaire et sécuritaire, en plus d'être fabriqué de cuir de bonne qualité facile d'entretien. Ses coutures doivent être situées de façon que le taillant de la lame ne les coupe pas. Elles peuvent aussi être renforcées au moyen de rivets. Il est important qu'une épaisseur supplémentaire de cuir soit ajoutée seulement aux endroits où les deux panneaux sont cousus ensemble, ce qui permet à la lame de mieux se loger dans l'étui.

Il doit aussi avoir une ganse solide pourvue d'un bouton pression ou d'une cordelette de cuir qui maintiendra le couteau dans la gaine et l'empêchera de sortir. L'incision pratiquée dans le cuir à l'arrière du manche devra être assez large pour que l'on puisse y glisser une ceinture de chasse.

Il existe aussi des couteaux de chasse à lame pliante (photo 4.3). Ils doivent posséder les mêmes caractéristiques que les couteaux à lame fixe et on peut en trouver d'aussi bonne qualité. La longueur de la lame est généralement plus courte, soit de 8 à 12 cm. Certains chasseurs apprécient particulièrement son format et la forme du fourreau, lequel recouvre entièrement le couteau. Certains modèles ont une lame démontable, ce qui facilite l'entretien.

Assurez-vous que ces couteaux sont munis d'un loquet de blocage sur la partie supérieure arrière du manche. Cette pièce empêche la lame de se refermer lors d'un faux mouvement. Un autre point à surveiller: lors de la fermeture, la lame ne doit pas heurter le fond du manche car le taillant deviendra hors d'usage.

Photo 4.1 Quelques modèles de bons couteaux de chasse de différentes marques. De gauche à droite: Browning, Katar, Savana, Buck et Browning.

Photo 4.2 Autres modèles de couteaux de bonne qualité: couteaux à désosser Victorinox, le premier avec un manche en bois et le deuxième avec un manche en fibrox; couteau Puma avec scie sur le dos de la lame; couteau DS avec garde prononcée; couteau Savana avec lame légèrement recourbée; couteaux Buck, de chasse et d'écorchage.

Photo 4.3 Modèles de couteaux à lame pliante (escamotable). De haut en bas: les deux premiers sont de Browning, le deuxième a trois lames (scie, couteau et lame à éviscérer); un Puma et deux Wyoming, l'avant-dernier avec un manche en plastique et le dernier avec un manche en métal.

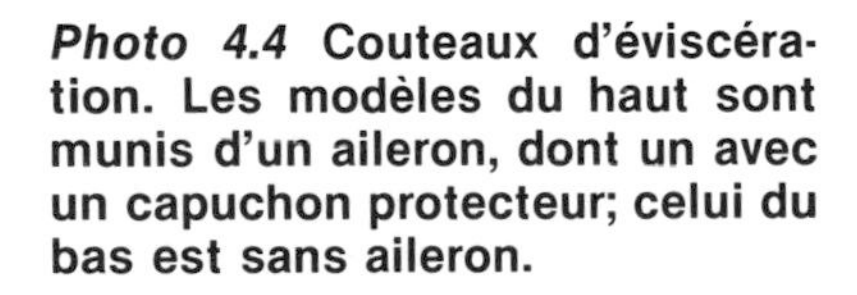

Photo 4.4 Couteaux d'éviscération. Les modèles du haut sont munis d'un aileron, dont un avec un capuchon protecteur; celui du bas est sans aileron.

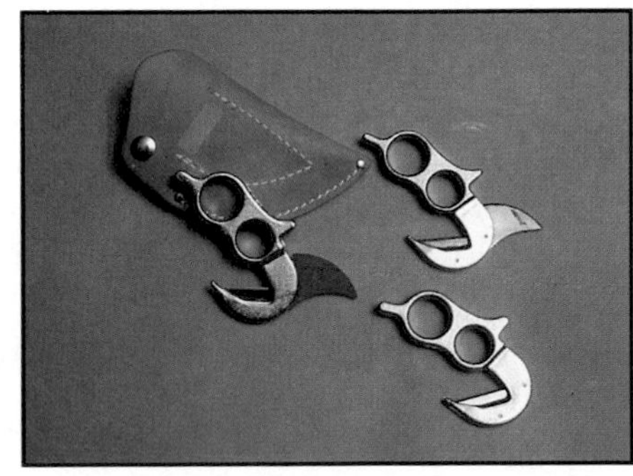

Photo 4.5 Différents modèles de pierres à aiguiser: tiges de céramique avec boîtier en bois Choc Stick; pierres naturelles de texture moyenne et fine de Smith; pierre naturelle fine sur socle de bois et jeu de trois pierres montées sur socle de bois avec huile de Washita; deux pierres artificielles à deux faces (celle de droite est de Browning), et jeu de pierres avec huile dans un coffret de Smith.

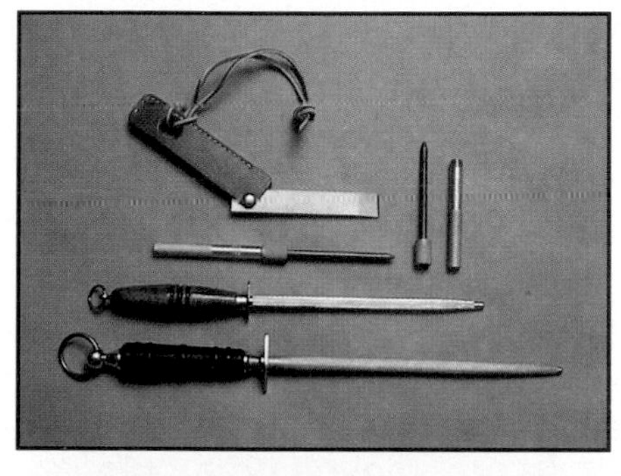

Photo 4.6 De haut en bas: fusil à aiguiser Gerber; fusils démontables EZE-LAP (un monté et l'autre démonté); petit fusil de cuisine et fusil de boucher.

Photo 4.7 Scies de boucher. Celle du bas, plus petite, est plus pratique pour le transport. ▼

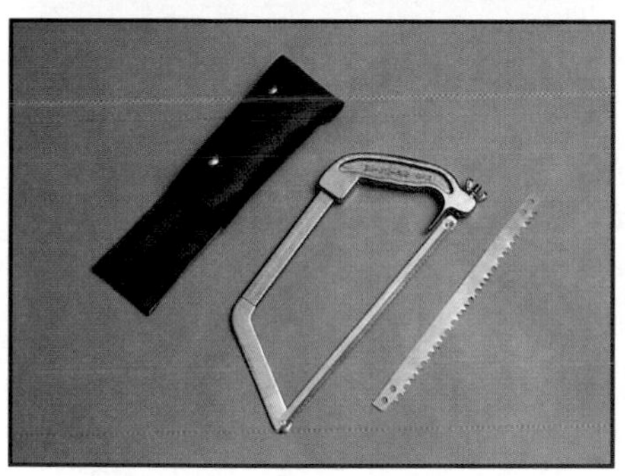

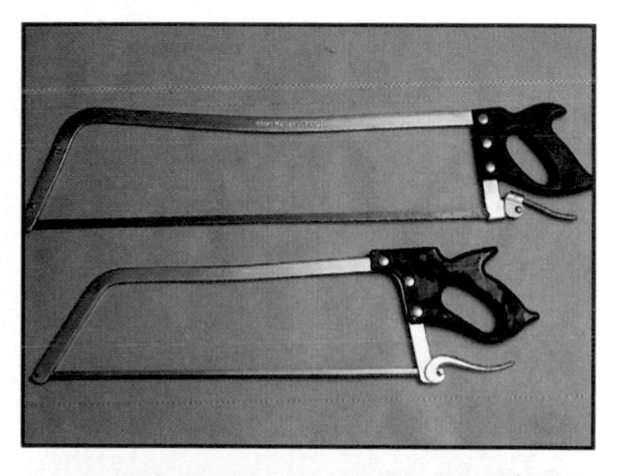

▲
Photo 4.8 Étui et scie Wyoming à lames interchangeables.

Photo 4.9 Étui et scie passe-partout de marque Pioneer. ▶

On trouve aussi sur le marché un couteau dit d'éviscération (photo 4.4) qui, comme son nom l'indique, ne sert qu'à cette opération. Il vous faut donc utiliser un autre couteau pour la coupe en quartiers des différents gros gibiers. Sa forme particulière élimine grandement les risques de perforation intestinale. Il existe deux modèles: avec et sans aileron. Cet aileron très coupant sert uniquement à couper la peau et à dégager l'anus de l'animal. Il doit être recouvert d'un petit capuchon de plastique lors de l'utilisation de la lame. Ce couteau est vendu avec un étui qui le recouvre entièrement. Mentionnons que la lame est de très bonne qualité et qu'elle est amovible.

Pour terminer, voyons les prix d'un bon couteau de chasse.

Il n'est pas nécessaire de débourser une somme astronomique. Il existe un vaste choix de couteaux avec un bon rapport qualité/prix entre 35 $ et 80 $. Dans la catégorie des couteaux à lame pliante de qualité, les prix varient entre 40 $ et 70 $. Mais si vous choisissez un modèle à lames interchangeables de très bonne qualité, il vous en coûtera environ 100 $. Enfin, le prix moyen d'un couteau d'éviscération est de 40 $.

Si, malgré le vaste choix, aucun couteau ne répond à vos exigences, ou si vous désirez un couteau personnalisé, il vous reste toujours la possibilité de vous référer à un coutelier. Il vous confectionnera un couteau à votre goût, mais le prix sera plus élevé.

Les pierres à aiguiser

Vous possédez un ou plusieurs couteaux, ou vous venez tout juste d'en faire l'acquisition? Quoi qu'il en soit, le taillant d'une lame n'est pas éternel et il faudra tôt ou tard l'aiguiser. D'ailleurs tout chasseur consciencieux évitera de s'aventurer en forêt sans avoir préalablement vérifié l'état du taillant de son couteau. Voyons d'abord le matériel offert.

Il ne fait aucun doute que la pierre à aiguiser (photo 4.5) (à l'huile ou à l'eau selon votre préférence) est l'instrument qu'il faut pour redonner un tranchant au taillant d'une lame. Les détaillants d'articles de chasse et de pêche, les couteliers ainsi que les nombreux marchands chez qui l'on trouve un étalage de couteaux vendent habituellement des pierres à aiguiser, de différentes formes, textures et qualités.

Ce qu'il faut surtout retenir sur les sortes de pierres à aiguiser, ce sont ces deux mots: naturelles et artificielles.

Les pierres naturelles sont extraites du sol, la région de prédilection pour ces gisements étant l'Arkansas aux États-Unis, d'où l'appellation courante de pierre d'Arkansas. Ses avantages sont une très grande qualité et un prix abordable. Son désavantage: elle est très fragile aux chocs.

Les pierres artificielles, elles, sont de fabrication industrielle. Leur composition est à base de carbone, d'aluminium et d'autres matières aux mêmes caractéristiques. Leurs avantages: un vaste choix de texture et de résistance et la possibilité d'agencer différentes textures sur une même pierre.

Toutes les pierres sont classées selon leur texture ou grain, sur le même principe que pour le papier abrasif, sauf qu'elles sont identifiées par des grades, non des numéros: rude, moyen, fin et extra-fin. Les pierres naturelles (Arkansas) ont une texture moyenne, fine ou extra-fine, et les pierres artificielles ont une texture rude, moyenne ou fine.

On peut aussi identifier les pierres d'Arkansas par leur couleur: les blanches ont une texture moyenne tandis que les grises marbrées de noir ont une texture fine. Cette classification ne peut s'appliquer pour les pierres artificielles car elles sont souvent teintes ou toutes de même couleur (grisâtres), selon les fabricants.

Différentes textures impliquent nécessairement différentes fonctions. La pierre à grain rude sert uniquement lorsque le taillant de la lame est très émoussé. Celle à grain moyen est utilisée pour aplanir un taillant arrondi par l'usure; l'aiguisage de finition est fait avec une pierre à grain fin en exerçant une pression légère sur la lame. Enfin, la pierre à grain extra-fin sert à polir le taillant.

En réalité vous n'avez besoin que de deux pierres: une à grain fin et une à grain moyen. Et si vous voulez «faire d'une pierre deux coups», achetez une pierre artificielle qui présente ces deux textures (une de chaque côté). Pour la maison ou le chalet, des pierres de 15 à

20 cm de longueur sur 6 à 10 cm de largeur conviennent très bien. Mais pour la forêt, une pierre à grain fin de 8 à 10 cm de longueur sur 5 cm de largeur, moins lourde à transporter, peut vous dépanner.

On trouve aussi sur le marché des petits fusils à aiguiser (photo 4.6), constitués principalement d'une tige de métal rugueuse ou de céramique. Certains modèles sont démontables, donc encore plus compacts. Vous avez sûrement vu votre boucher se servir de plus grands fusils, frottant rapidement d'un côté et de l'autre la lame de couteau. Attention, ces petites merveilles servent seulement à replacer le taillant de la lame déformé par un usage intensif.

La première chose à retenir en ce qui concerne l'aiguisage des couteaux: ne jamais se servir d'une pierre sans l'avoir au préalable humectée d'une couche de liquide. Cette humidification empêche une trop grande friction du métal sur la pierre. Il se vend une huile conçue à cette fin mais à défaut (en forêt), un peu d'eau fera l'affaire.

De plus, pour empêcher que la pierre se déplace pendant l'aiguisage, déposez-la sur une surface plane ou sur un linge humide. Vous éviterez ainsi de fâcheux accidents. Placez également un linge humide sous les coffrets de bois.

L'aiguisage se fait de la façon suivante:

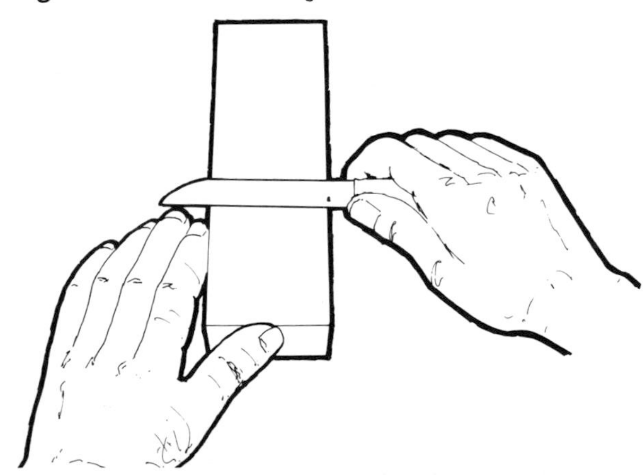

Technique d'aiguisage d'un couteau

a) Appuyez le taillant de la lame sur la pierre de façon que les deux éléments forment un angle de 20° et que la mitre soit près de la pierre.

b) Faites glisser la lame sur la pierre de la garde vers la pointe en couvrant toute la surface du taillant, comme si vous enleviez une mince couche à la pierre.

c) Pour aiguiser l'autre côté du taillant, procédez de la même façon qu'en (b) mais en tenant le couteau dans l'autre main. Conservez toujours un angle de 20° et passez le même nombre de fois sur chaque côté.

Une fois l'aiguisage terminé, vérifiez l'état du taillant en passant délicatement votre pouce sur celui-ci: l'empreinte de votre doigt doit «accrocher». Si vous avez de la difficulté à conserver le même angle, procurez-vous soit un anglier, qui se pince sur la lame, soit un petit triangle (bois ou métal) qui se dépose sur la pierre.

Les haches

Plusieurs chasseurs ne jurent que par la hache. En effet, cet instrument, presque indispensable à quiconque veut s'aventurer en forêt, sert à de multiples usages, notamment pour la coupe longitudinale de la colonne vertébrale lors de la coupe de la carcasse en quartiers, dont la technique est expliquée au chapitre 6.

À ce propos, il est regrettable de constater que la majorité des chasseurs qui se servent de la hache n'en connaissent pas les rudiments. Un mauvais coup de hache peut entraîner une perte de plusieurs kilogrammes de viande. Il est donc essentiel de prendre son temps lorsqu'on effectue ce travail.

À la chasse, la hache portée à la ceinture est beaucoup moins encombrante. Idéalement, cette hache ne devrait pas dépasser 50 cm de longueur totale. Le manche doit être en bois dur (érable ou frêne) et taillé parfaitement dans le sens du grain du bois. Enfin, un renflement assez prononcé à l'extrémité du manche assurera une prise ferme. (Les caractéristiques de la tête de la hache sont décrites dans la légende de la figure ci-dessous.)

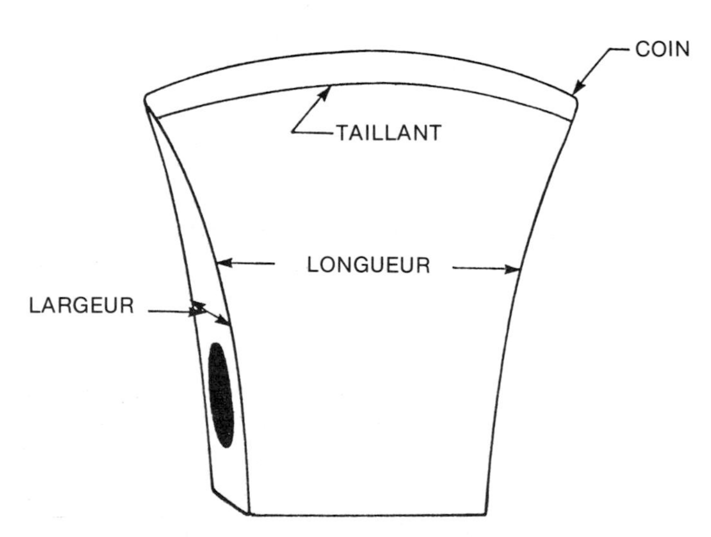

Parties de la tête d'une hache

La tête de la hache (de chasse) ne doit pas peser plus de 1,5 kg. Le dessus doit être plat et un peu moins long que le taillant. Celui-ci forme un arc de cercle sur toute sa longueur et ses coins doivent, par mesure de sécurité, être légèrement arrondis.

L'aiguisage d'une hache, dont la technique est expliquée ci-après, requiert l'utilisation d'un étau ou de serres, et d'une lime plate. Il faut s'assurer, avant de commencer, que la tête est solidement fixée dans l'étau et se placer devant celui-ci.

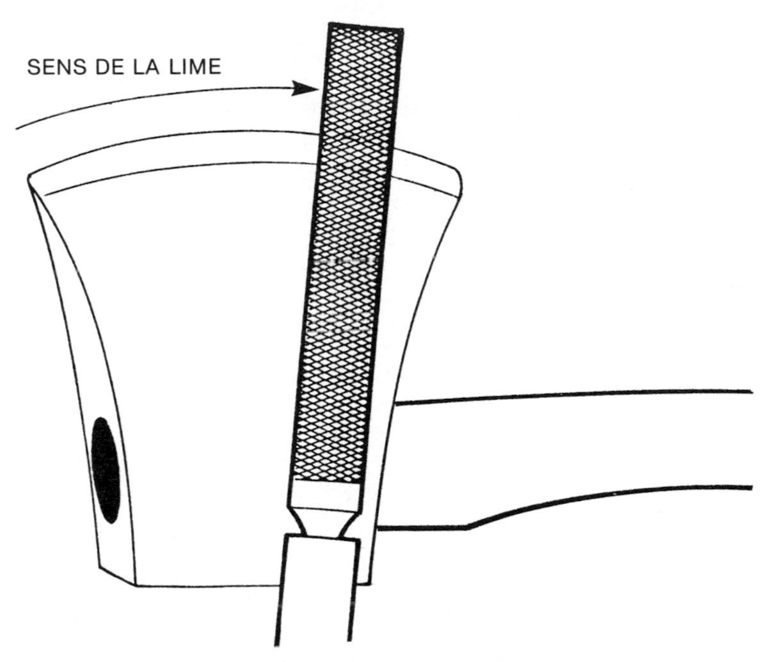

Technique d'aiguisage d'une hache

Appuyez la lime sur le taillant et, dans un mouvement régulier (dans le sens indiqué par la flèche), exercez une pression égale sur la lime. Une hauteur de taillant de 5 mm est suffisant.

En forêt, la pierre à aiguiser à grain moyen suffira pour réparer les coins endommagés de la hache ou à parfaire l'aiguisage s'il y a lieu.

Avant votre départ, assurez-vous que la tête de la hache est solidement fixée au manche. Si ce n'est pas le cas, enlevez la cheville de fixation de l'œil de la hache, et plongez la tête et une partie du manche dans un contenant d'eau pour faire gonfler le bois qui se trouve à l'intérieur de l'œil. Remettez une cheville de préférence un peu plus grosse que l'originale, soit de bois ou de métal, et enduisez la tête de la hache d'une couche d'huile de lin ou de graisse animale pour la protéger contre la rouille. Enfin, vérifiez si votre étui est toujours en bon état.

Les scies

Rien de mieux qu'une scie pour faire un travail propre lors du débitage en forêt. Sa lame mince à dents fines vous assure une coupe précise et sans esquilles et, par conséquent, un meilleur rendement en viande.

Le modèle idéal est sans contredit la scie de boucher (photo 4.7). Il est devenu si populaire auprès des chasseurs que des fabricants ont mis sur le marché une scie de boucher compacte. On peut se la procurer dans les boutiques spécialisées en équipement de boucherie et dans les magasins de sport.

Cette scie possède une lame de 53 cm, comparativement à 65 cm pour la scie de boucher — notons que plus la lame est longue, plus le travail est facile — un cadre métallique de bonne qualité et une poignée en plastique très confortable pour la main.

Plusieurs fabricants, dont Wyoming, offrent une scie à lames interchangeables (photo 4.8) (dont une à dents larges pour le bois et une autre à dents fines pour les os). Son cadre est en trois morceaux. Les lames ont une longueur moyenne de 25 cm et la scie a une longueur totale moyenne de 33 cm. Ce type de scie se range dans un étui en cuir conçu pour être porté à la ceinture.

Enfin, vous pouvez opter pour la scie passe-partout (photo 4.9) qui est pourvue d'une lame fixe dentée de chaque côté (dents fines et larges), et d'une poignée métallique. Cette petite scie offerte en deux longueurs, de 25 cm et 38 cm, se range aussi dans un étui de cuir qui se porte à la ceinture.

Les cordes

La chasse au gros gibier nécessite, il va sans dire, l'utilisation de cordes.

Pour la chasse à l'orignal, une corde de 20 m et d'une résistance minimale de 500 kg peut résoudre bien des problèmes. Une autre, plus petite, de 15 à 20 m de long et d'une résistance de 125 kg vous sera très utile pour stabiliser l'animal, pour suspendre les quartiers ou bien pour bricoler un échafaud. Pour la chasse au chevreuil, cette dernière est suffisante.

Les cordes en chanvre (filins) sont idéales mais très chères. Vous pouvez vous procurer de très bonnes cordes à prix moindre, comme celles en coton tressé (voir figure ci-dessous). Les cordes en nylon jaune tressées sur 3 ou 4 brins ne sont pas conseillées car elles sont peu malléables. Elles sont plutôt réservées aux sports nautiques.

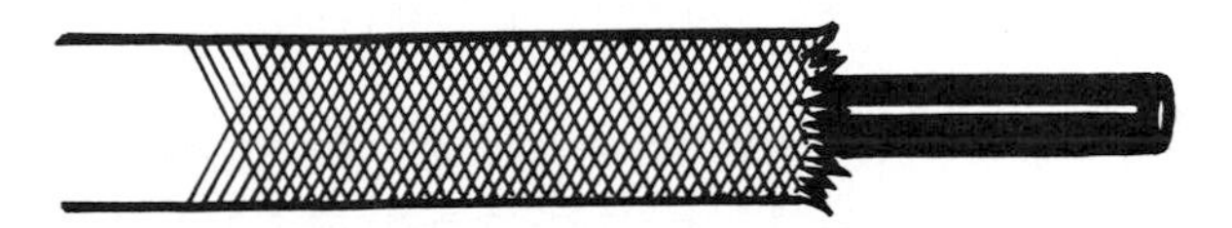

Corde en coton
La plupart des cordes en coton sont composées de liens internes recouverts d'une gaine tissée. Plus l'armure est serrée, plus la corde est résistante.

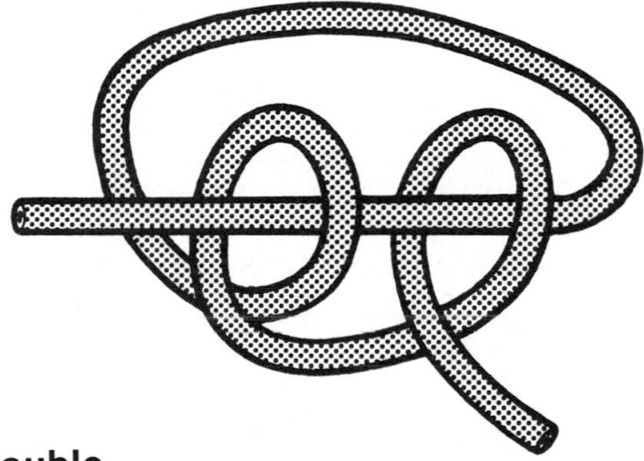

Nœud double
Le nœud double est utilisé pour fermer l'extrémité des cordes.

Avant d'utiliser une corde, il est important d'en brûler les bouts et de les fermer par un double nœud pour éviter qu'elle se défile. Un cordage souillé par le sang peut être remis à neuf par un trempage d'une nuit dans de l'eau froide additionnée d'un détergent. Il suffit de le suspendre pour qu'il sèche.

Dans certains cas, un palan peut vous éviter des efforts inutiles. Les modèles en métal se prêtent mal au portage, mais pour celui qui chasse en embarcation ou à proximité d'un chalet ou d'un véhicule, ils sont idéals. Ces palans ont une résistance d'environ 1000 kg et sont pourvus d'un câble en acier d'environ 6 m. Pour doubler cette force de résistance, il suffit de doubler le câble.

Mais le modèle avec une corde en coton d'une résistance de 500 kg à quatre ou six poulies est encore plus facile d'utilisation. Le port de gants assure une meilleure prise de la corde. Toutefois, la corde en coton s'étire et ne peut donc être utilisée avec efficacité que sur des bêtes de petite taille.

Le coton à fromage

Le coton à fromage (étamine) est un autre article indispensable au chasseur (photo 4.10). La plupart de ceux-ci en connaissent l'usage et bon nombre d'entre eux ont pu ainsi éviter des pertes de viande inutiles.

Il sert principalement à recouvrir la carcasse, entière ou en quartiers, lors du refroidissement et aussi pendant la phase de maturation. Comme il laisse passer l'air, le processus n'est aucunement compromis. La viande est ainsi protégée contre les effets néfastes des œufs des mouches (nous y reviendrons plus loin) et les saletés (poussière, feuilles, etc.) Enfin, on peut l'utiliser en guise de sangles, ou de linge pour le nettoyage des carcasses, notamment lors d'une perforation intestinale.

Vous avez le choix entre plusieurs sortes de coton à fromage, celui en tube étant de loin plus pratique que celui en bande. Il est généralement vendu en sac de 450 g ou plus.

Le coton à fromage est réutilisable. Il suffit de le laisser tremper une nuit dans de l'eau froide savonneuse, de le laver et de le faire sécher à la machine.

Certains chasseurs préfèrent recouvrir leurs quartiers de viande avec des toiles, qu'ils maintiennent en place à l'aide d'épingles à ressort ou de cordes. Cette pratique est bonne à la condition que la toile laisse passer l'air pour que la viande puisse bien refroidir.

Le jute utilisé par-dessus une épaisseur de coton à fromage offre une meilleure résistance pendant le transport. Il existe sur le marché des sacs en jute (photo 4.11) pourvus d'une corde; ces sacs sont assez grands pour y loger un arrière d'orignal.

Le papier pêche

Le papier pêche (photo 4.12), utilisé par les bouchers, a la propriété de laisser passer l'air et empêche la viande de noircir.

Il peut vous être d'une grande utilité à la chasse, par exemple pour séparer les morceaux de viande, pour y déposer les abats qu'il faut laisser refroidir, pour tapisser les parois abdominales dans le cas d'une perforation intestinale. Demandez-en à votre boucher.

Le pantalon de pluie

L'éviscération, comme vous vous en doutez peut-être, est un travail plutôt salissant. Pour éviter de souiller vos vêtements inutilement, revêtez un pantalon de pluie, que vous n'aurez qu'à rincer au premier plan d'eau venu. Il occupe peu d'espace et est très léger. Le seul inconvénient est que, dans l'euphorie du moment, on oublie de l'enfiler.

Les gants

À cause des maladies dont peuvent souffrir certains cervidés, notamment la tuberculose, il est plus prudent de porter des gants pendant le travail d'éviscération. Les gants chirurgicaux sont l'idéal: très légers et aussi très minces, ils épousent parfaitement la forme de la main et donnent l'impression d'avoir les mains nues. Vous pouvez aussi utiliser des gants de caoutchouc (pour la vaisselle); étant plus longs, ils ont l'avantage de recouvrir une partie de l'avant-bras. Choisissez-les assez minces.

Que vous ayez ou non l'habitude d'en porter, il serait préférable de le faire, ne serait-ce que pour protéger vos blessures (coupures, irritations, brûlures).

À ce propos, ayez toujours une trousse de premiers soins à portée de la main * et désinfectez toute plaie occasionnée lors de la manipulation de la viande, si minime soit-elle.

---

* Et aussi une trousse de survie. Vous trouverez, à ce sujet, une foule de renseignements dans le livre *Techniques de survie*, de J.-Georges Deschenaux, Éditions INVI, adapté aux conditions de chasse au Québec.

Photo 4.10 Coton à fromage en tube.

Photo 4.11 Sac de jute avec corde.

Photo 4.12 Papier pêche et thermomètre-sonde.

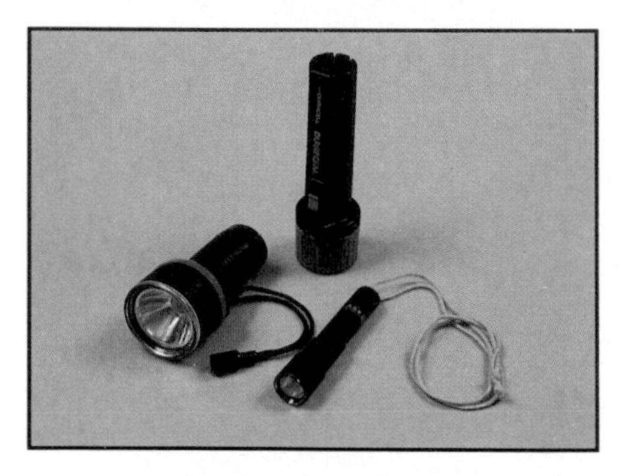

Photo 4.13 Trois différents types de lampes de poche. De gauche à droite: Durabeam à deux piles; World Famous à quatre piles et Tekna au quartz.

Les lampes de poche

En plus des trousses de premiers soins et de survie, emportez toujours une lampe de poche dans votre sac à dos. Elle vous sera très utile si vous avez par exemple à éviscérer votre gibier dans l'obscurité. Est-il nécessaire de rappeler qu'il est interdit de chasser avec une lampe de poche (*voir* Règlements de chasse).

Vous avez le choix entre la lampe de poche à ampoule régulière à deux piles (compacte) ou à quatre piles, et la lampe au quartz (photo 4.13). Comme pour tout le reste, il s'agit de ne pas lésiner sur le prix et de se procurer avant tout des articles de qualité.

LISTE DU MATÉRIEL DE CHASSE

Chasse à l'orignal et au caribou

- 1 couteau
- 1 pierre ou 1 fusil à aiguiser
- 1 scie ou 1 hache
- 2 cordes dont une d'une résistance de 500 kg (orignal) ou de 250 kg (caribou) et une autre d'une résistance de 125 kg
- 1 ou 2 sacs de coton à fromage en tube
- papier pêche
- pantalon de pluie et gants chirurgicaux

Chasse au chevreuil

- 1 couteau
- 1 pierre ou 1 fusil à aiguiser
- 1 filin d'une résistance de 125 kg
- 1 sac de coton à fromage en tube
- papier pêche
- pantalon de pluie et gants chirurgicaux

Vous voilà bien outillé et prêt à partir. Mais cela signifie aussi avoir du matériel en excellent état. Même des outils de qualité deviennent inefficaces et dangereux s'ils ont été mal entretenus.

Chapitre 5

L'éviscération

«Le plaisir est terminé et l'ouvrage commence» dit-on pour désigner le labeur qui attend le chasseur après avoir abattu son gibier. Pourtant, cela n'est pas aussi compliqué que certains veulent bien le laisser croire. Une suite d'étapes logique avec des points de repère bien précis et le tour est joué. Même l'éviscération d'un orignal, qui est pourtant le plus gros de nos cervidés, dure tout au plus une heure. Mais d'abord, une mise au point s'impose quant à la nécessité de la saignée chez le gibier.

La saignée

Le mythe de la saignée chez le gibier vient du fait que les agriculteurs d'autrefois procédaient eux-mêmes à l'abattage de leurs animaux de ferme. Et, comme c'est encore le cas dans les abattoirs industriels modernes, la saignée était alors nécessaire. L'animal est d'abord insensibilisé soit par une commotion, une anesthésie par le gaz ou une électrocution. La respiration et la circulation toujours en fonction au moment de la saignée permettent d'évacuer le plus de sang possible; l'animal meurt au bout de son sang.

La saignée est en quelque sorte une façon de tuer un animal, et pour qu'elle soit réussie, il faut que le cœur batte.

Qu'en est-il du gibier abattu par le chasseur? Une balle logée dans le foie, les poumons ou le cœur tuera l'animal. Donc le cœur ne battra plus. À quoi bon alors faire une saignée puisque par cette opération le chasseur ne fera que vider l'artère de sang, du cœur à la tête, rien de plus. Puis le sang accumulé à l'intérieur de la cage thoracique sera de toute façon évacué lors de l'éviscération ainsi que par le pompage. Vous procédez donc à une saignée, mais interne.

Par ailleurs, si l'animal est blessé à la colonne vertébrale, il se retrouvera paralysé (totalement ou partiellement) mais conscient. Or, si vous ne l'achevez pas rapidement et que vous procédez à la saignée — qui comporte de sérieux dangers pour vous — il subira un stress énorme et, comme il a été dit précédemment, la viande d'un animal abattu dans de telles conditions est de moins bonne qualité.

Certains chasseurs vous diront que si vous ne pratiquez pas une saignée, la viande aura mauvais goût. C'est faux. La saignée se fait automatiquement lors de l'éviscération. Pour terminer, mentionnons que ces fameuses saignées externes causent à la peau des dommages que le taxidermiste ne peut pas toujours camoufler, et l'apparence des trophées s'en trouve diminuée.

Avant l'éviscération

Lorsque vous vous approchez de votre gibier (par derrière de préférence), restez sur vos gardes et surtout ne vous fiez pas aux apparences, l'animal n'est peut-être pas mort. Le meilleur indice reste l'œil (photo 5.1). S'il est ouvert, votre gibier a rendu l'âme, sinon... vous vous devez de l'achever le plus rapidement possible. Tirez la femelle dans l'oreille et le mâle dans la base de la nuque si vous voulez récupérer le panache. Ces deux tirs sont sécuritaires et ne causent que des pertes minimes de viande.

Accrochez immédiatement votre ou vos permis à la bête, question d'être en règle avec la loi (photo 5.2). Il ne vous reste plus qu'à placer l'animal dans la position appropriée pour l'éviscération, c'est-à-dire sur le dos. Le panache d'un mâle facilite grandement le travail car il aide à maintenir l'avant en place. Dans le cas d'une femelle, vous pouvez, à l'aide de cordes, attacher les pattes avant aux arbres environnants et placer de petits bâtons, rondins ou pierres de biais sous les épaules.

Photo 5.1 **L'œil ouvert du gibier après le coup de feu indique que vous pouvez vous en approcher.**

Photo 5.2 **Attachez votre permis à la bête.**

La récupération des abats

Il est préférable de procéder au prélèvement des abats (cœur, foie, rognons, animelles) au fur et à mesure de l'éviscération afin de ne pas les oublier.

De plus, ils refroidiront plus vite si vous les déposez sur du papier pêche (photo 5.3) ou tout autre papier propre. Si cela est possible, suspendez le cœur et le foie à des branches d'arbres par leurs conduits. N'oubliez pas ensuite de recouvrir les abats de coton à fromage en tube pour les protéger des mouches. Celui-ci vous servira ultérieurement pour le transport des abats (photo 5.4). La ré-

Photo 5.3 **Pour garder les abats propres, déposez-les au fur et à mesure sur du papier propre, du papier pêche ou dans un contenant.**

Photo 5.4 **Un morceau de coton à fromage fermé aux extrémités est idéal pour transporter les abats.**

cupération de la langue et de la cervelle ainsi que la préparation des abats seront traitées au chapitre 7.

Les étapes

Les textes explicatifs qui suivent contiennent des informations complémentaires aux étapes illustrées et valent pour l'éviscération de tous les cervidés bien que les numéros de photos entre parenthèses renvoient à celle du caribou.

Le dégagement de l'anus

Lors du dégagement de l'anus (photos 5.5 et 5.6), n'ayez crainte d'endommager la viande, puisqu'il n'y a à cet endroit que des os (bassin). N'oubliez pas d'attacher l'anus à l'aide d'une corde ou d'une racine pour que les matières fécales ne souillent pas la viande.

S'il s'agit d'une femelle, enlevez la vulve en même temps en suivant le même procédé. Vérifiez auparavant si les mamelles contiennent du lait, en tirant tout simplement dessus; ce renseignement peut être utile aux biologistes. De plus, l'absence de lait (chez une femelle peu âgée) est un indice de tendreté.

Lorsque vous enlèverez le pénis du mâle (photo 5.8), évitez de répandre de l'urine sur les chairs.

La coupe de la peau

Pour l'étape suivante, qui consiste à couper la peau sur le sternum (photo 5.9), la façon de procéder diffère selon la partie de la tête que l'on désire conserver. Si l'animal n'a pas de bois ou qu'ils sont petits, ou encore si vous ne voulez garder que la boîte crânienne (panache), commencez la coupe à la base de la mâchoire et continuez jusqu'à la pointe inférieure du sternum. Si vous désirez faire naturaliser la tête, commencez plutôt l'incision à la pointe supérieure du sternum (*voir aussi* chapitre 10).

La coupe de la peau sur le dessus de l'abdomen (photo 5.11), qui est l'étape suivante, peut se faire de différentes façons, comme l'illustrent les figures ci-contre. Vous pouvez ou couper la peau d'abord et ensuite la membrane sous-cutanée qui recouvre les intestins et la panse ou, pour gagner du temps, les couper ensemble avec un couteau conventionnel (figures *a* et *b*) ou un couteau d'éviscération (figure *c*). Dans tous les cas, il faut éviter de perforer les organes de l'abdomen.

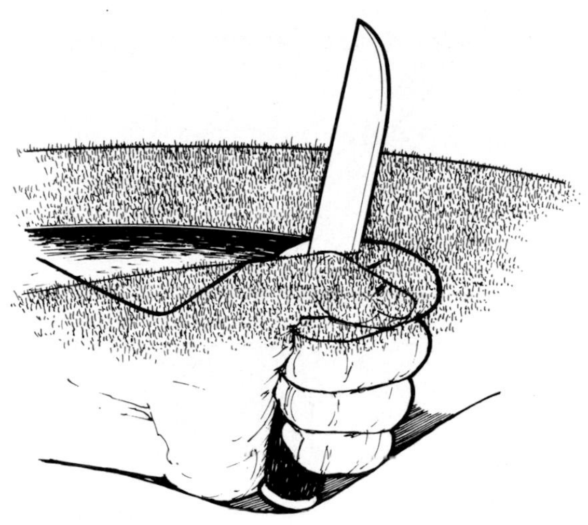

Coupe de l'abdomen

a) **Entrez le poing à l'intérieur de l'abdomen au niveau du sternum, puis coupez la peau en tenant le couteau fermement et en laissant dépasser la lame.**

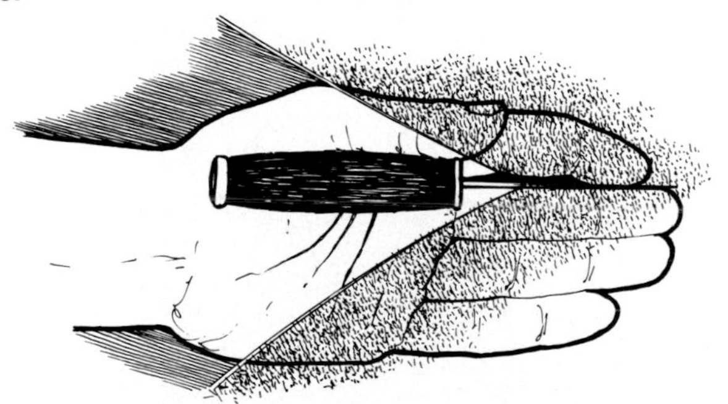

b) **Entrez la main à l'intérieur de l'abdomen au niveau du sternum, puis glissez le couteau entre l'index et le majeur, le taillant vers le haut.**

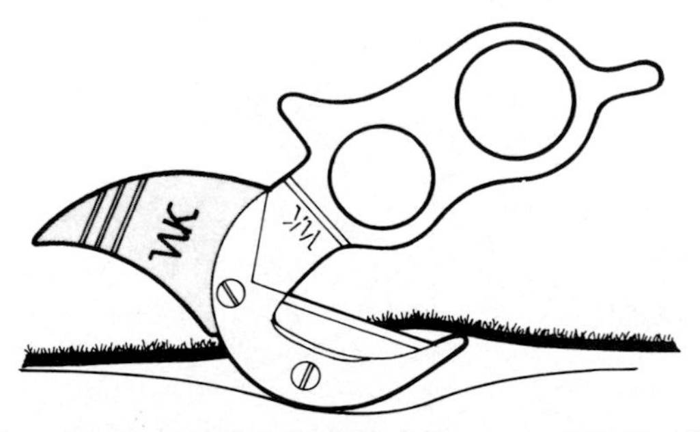

c) **Le couteau d'éviscération facilite la coupe simultanée de la peau et de la membrane sous-cutanée.**

Ostéologie du caribou

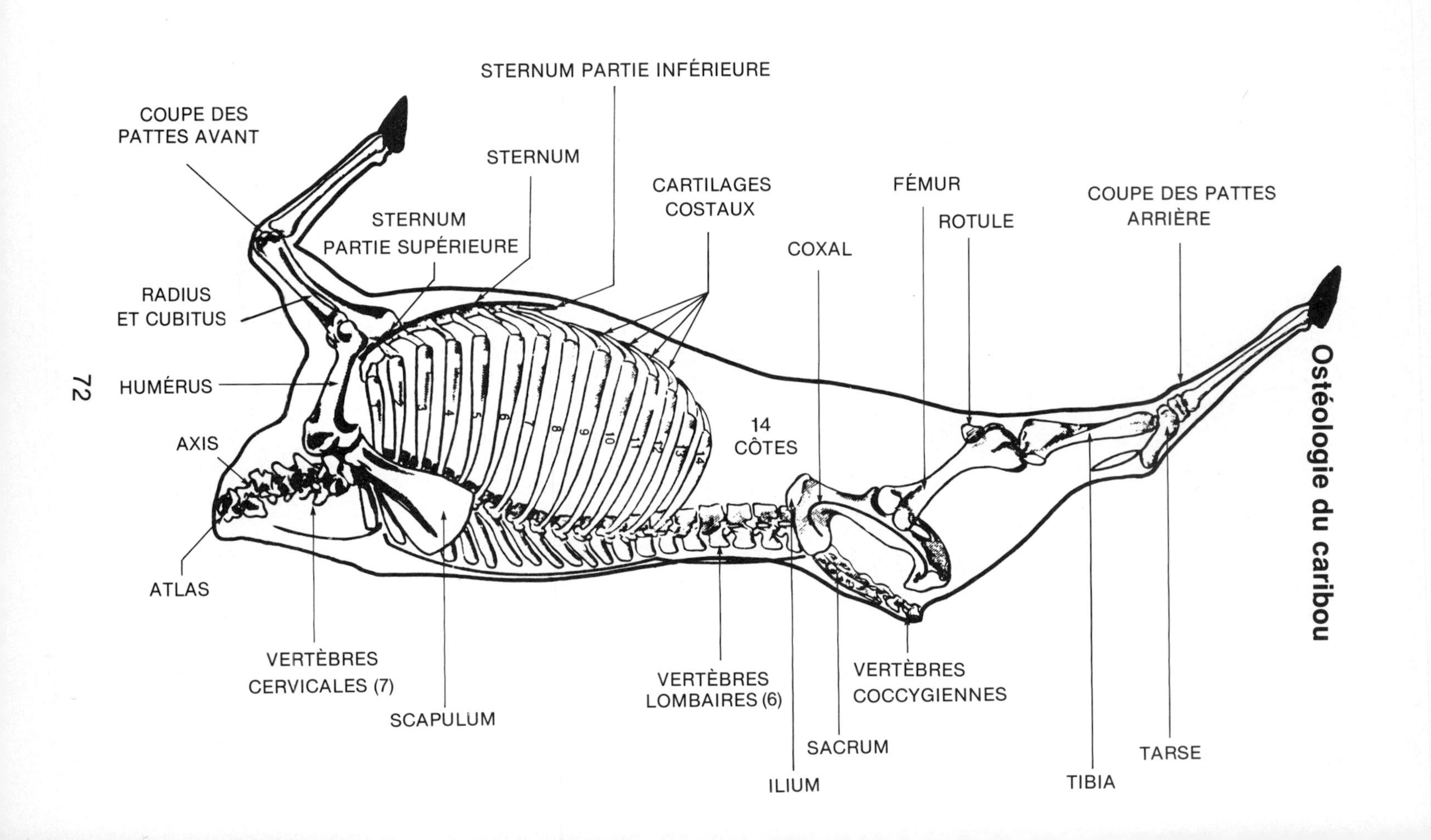

Ostéologie du chevreuil

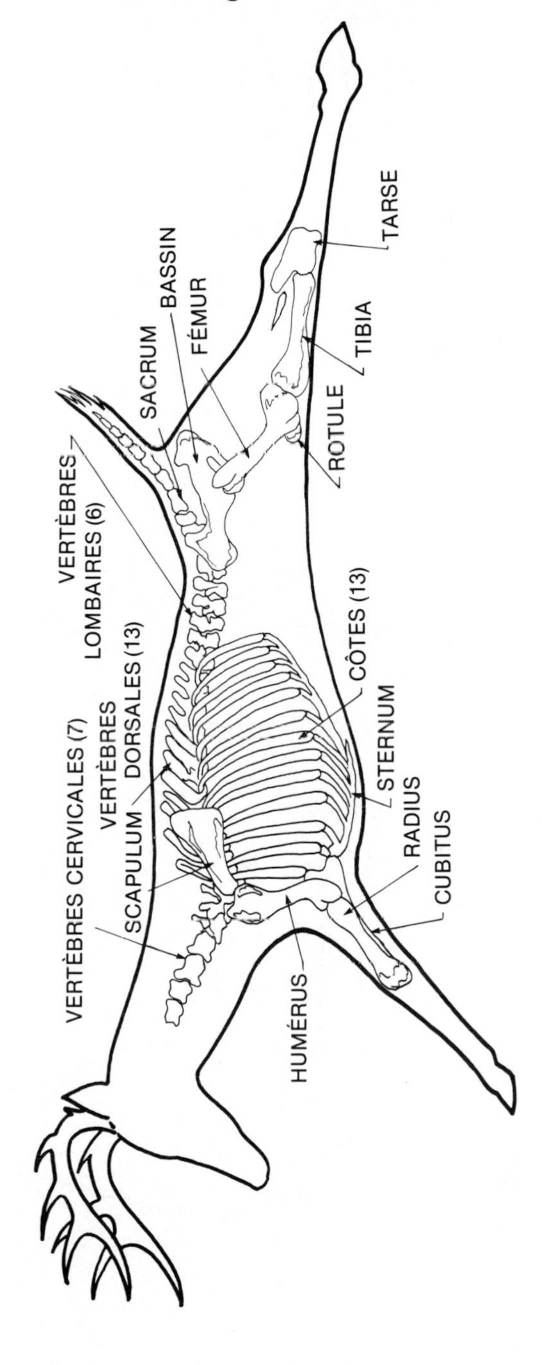

Ostéologie de l'orignal

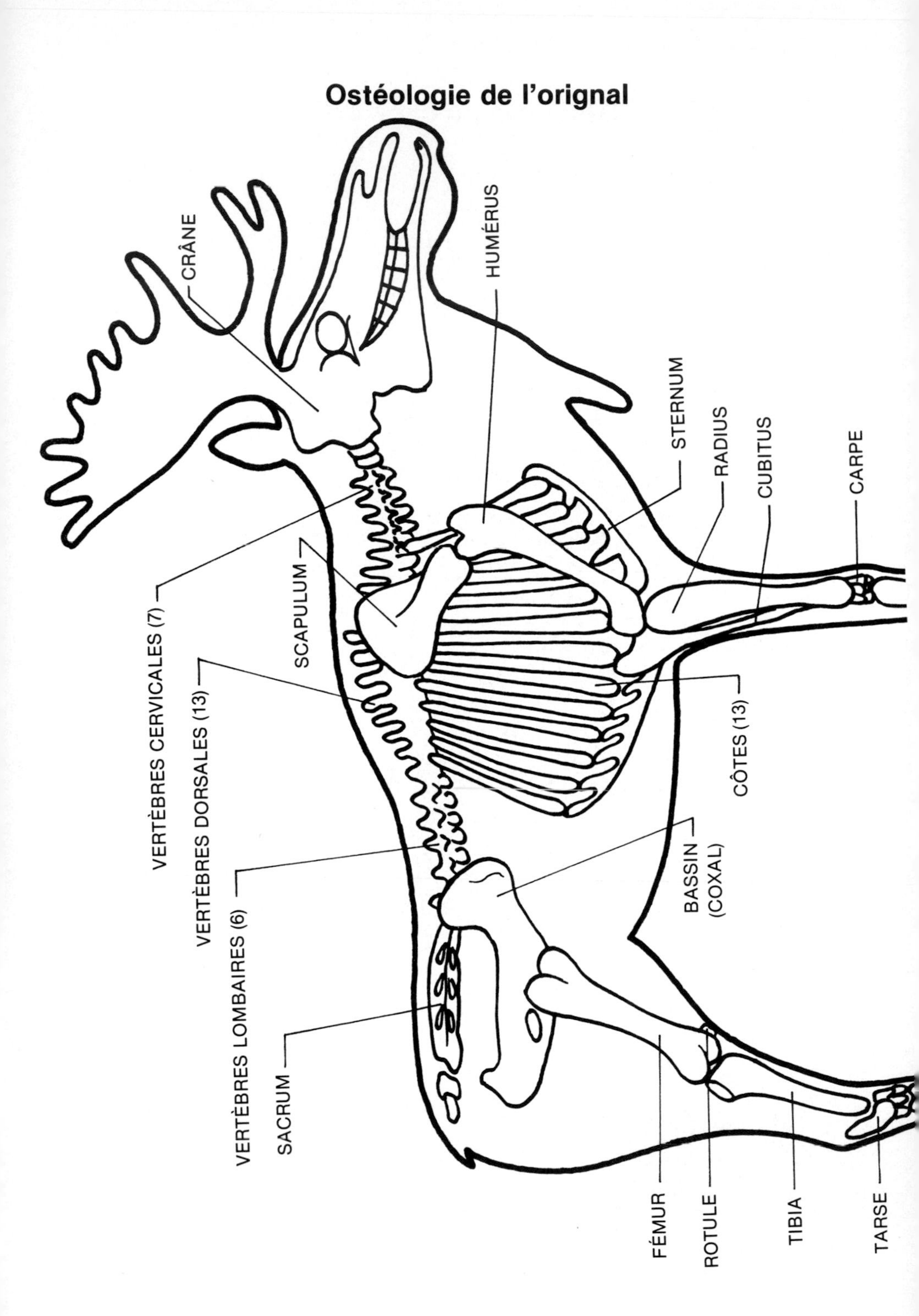

La coupe du sternum

La coupe du sternum (photo 5.10) peut se faire avant ou après l'étape précédente.

L'extraction des viscères et des abats

L'extraction des organes internes s'effectue de haut en bas: d'abord le cœur, puis l'œsophage et la trachée-artère (en forme de boyau d'aspirateur), qui doivent être attachés ensemble pour ne pas que le contenu stomacal s'en échappe, et les poumons. Coupez ensuite le diaphragme, muscle plat qui sépare ces premiers organes des viscères.

Après avoir sectionné les ligaments qui maintiennent les viscères en place, sortez ceux-ci et, comme ils dégagent beaucoup de chaleur, éloignez-les de 2 ou 3 mètres afin de laisser refroidir la carcasse. Les photos 5.12 à 5.29 illustrent clairement toutes les opérations à effectuer.

Le pompage

Le pompage (photo 5.30), c'est-à-dire l'action de lever et d'abaisser les pattes avant et arrière de l'animal, a pour effet de comprimer la musculature et de faire s'écouler le sang qui reste dans le système sanguin. Autrement, le sang vous coulera dans le dos lors du portage.

CARIBOU

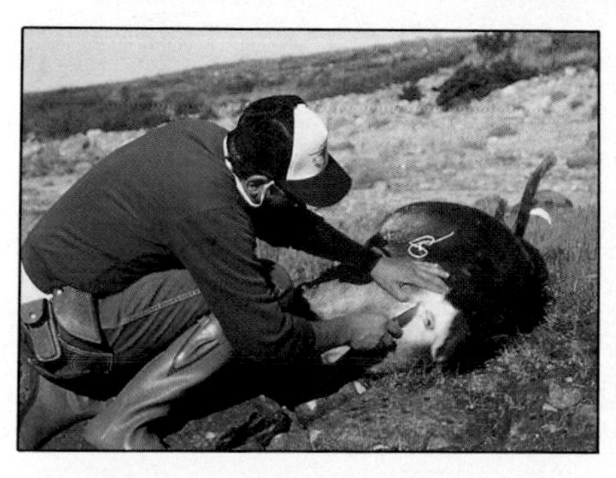

Photo 5.5 **Avec la pointe du couteau, contournez l'anus en coupant la peau à environ 1 à 2 cm de celui-ci.**

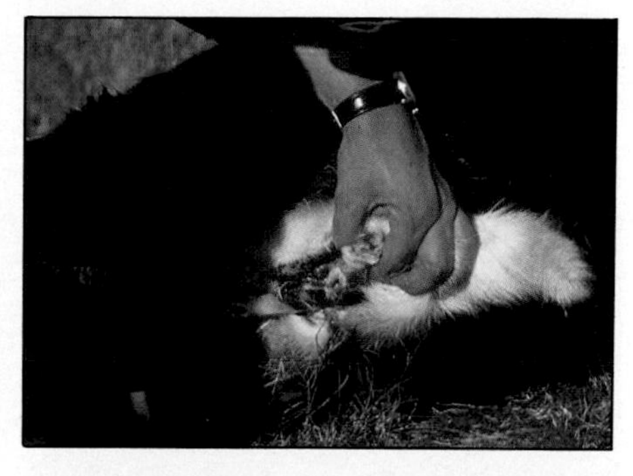

Photo 5.6 **Tirez sur l'anus et sortez 8 à 10 cm du gros intestin.**

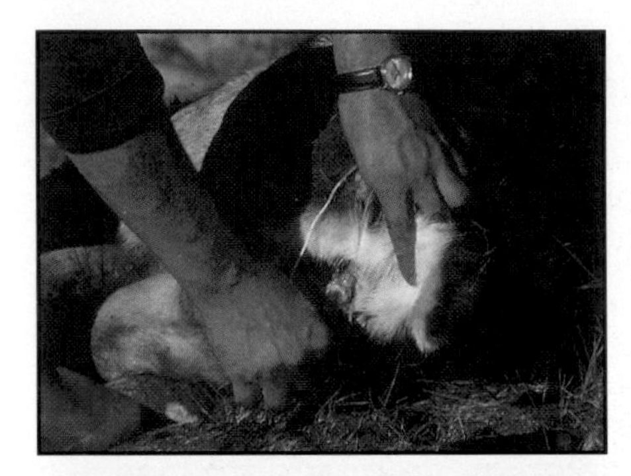

Photo 5.7 Attachez le gros intestin.

a)

b)

Photo 5.8 Pour enlever les testicules et le pénis, (*a*) longez chaque côté du conduit (de la grosseur d'un crayon) jusqu'au rectum et (*b*) coupez-le.

Photo 5.9 Coupez la peau, du cou jusqu'à la base du sternum. ▶

Photo 5.10 Sciez le sternum dans le sens de la longueur.

a) *b*)

Photo 5.11 Coupez la peau du ventre en partant de la base du sternum jusqu'à l'anus, soit (*a*) avec un couteau d'éviscération ou (*b*) un couteau de chasse traditionnel.

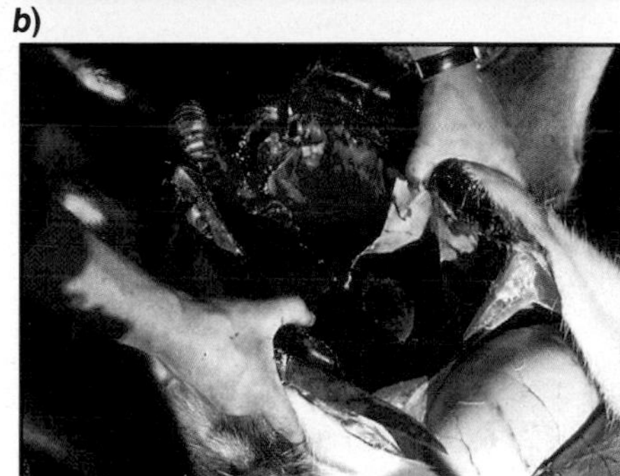

Photo 5.12 Coupez la membrane qui entoure le cœur. ▶

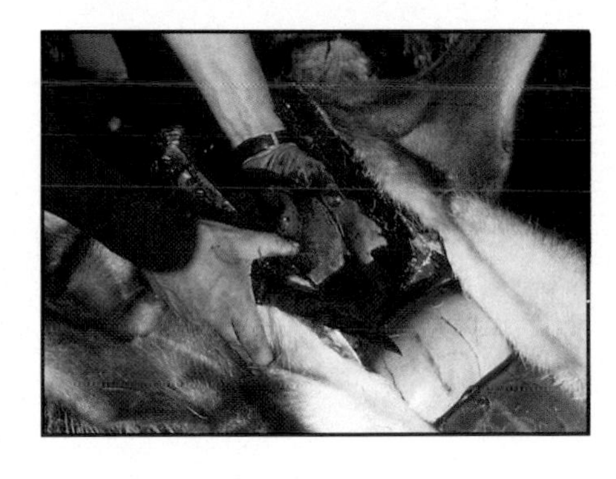

Photo 5.13 Prélevez le cœur en le tirant vers vous et en coupant les artères qui y sont rattachées.

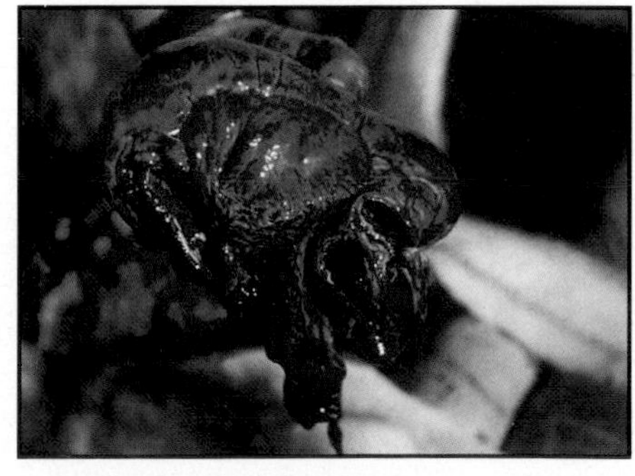

Photo 5.14 Le cœur une fois prélevé.

Photo 5.15 **Avec la lame du couteau, longez l'œsophage en coupant les ligaments qui le retiennent aux chairs.**

Photo 5.16 **Attachez l'extrémité de l'œsophage avec un nœud plat. ▶**

Photo 5.17 **(*a*) Sectionnez les ligaments qui retiennent l'œsophage et (*b*) dégagez-le en le tirant vers l'arrière de l'animal et en le tenant fermement.**

a)

b)

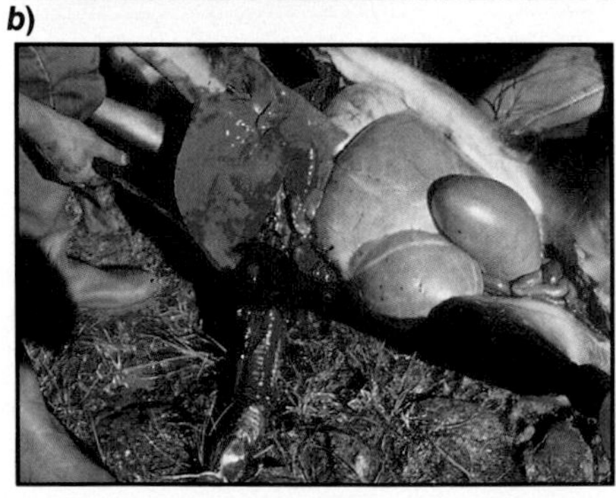

Photo 5.18 **Les premiers organes qui suivront sont les poumons.**

Photo 5.19 Une fois les poumons sortis, vous pouvez prélever le foie.

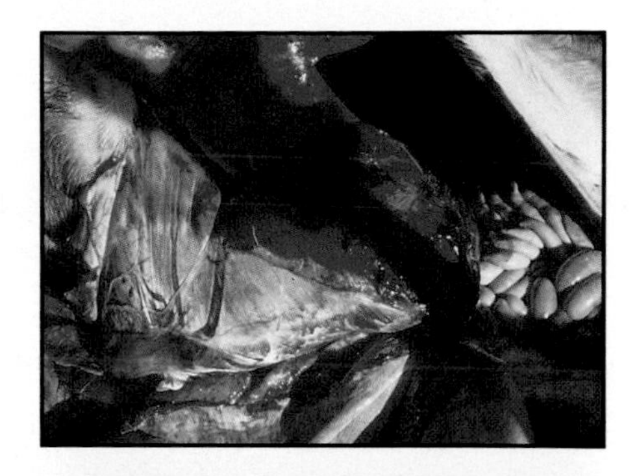

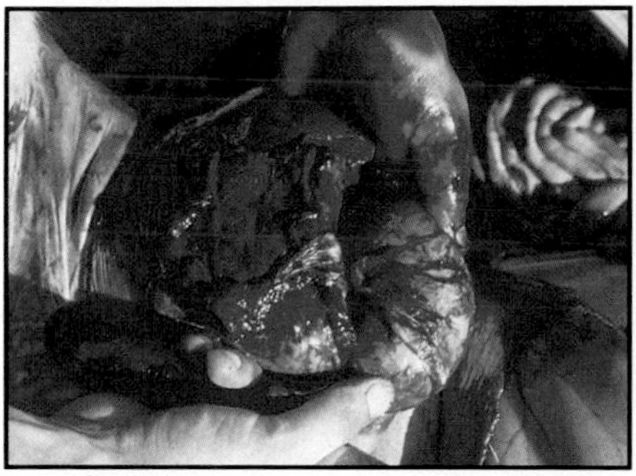

a)

b)

Photo 5.20 Dégagez le rognon qui se trouve dans la partie la plus épaisse du foie en tirant doucement dessus.

Photo 5.21 Récupérez ensuite le foie. ▶

Photo 5.22 Grattez le dessus du foie avec la lame du couteau.

Photo 5.23 Retirez l'autre rognon qui se trouve au fond de la cavité abdominale.

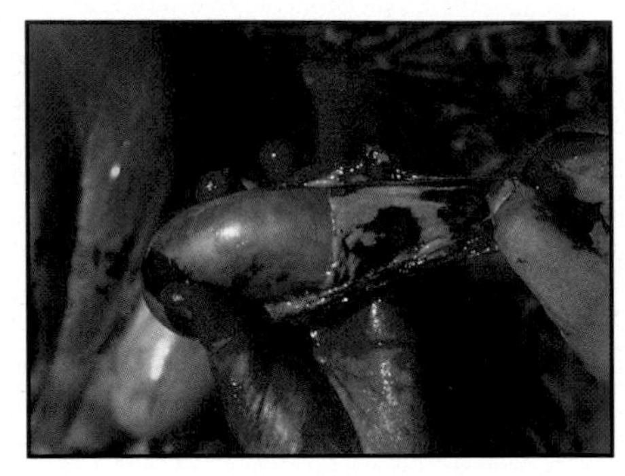

Photo 5.24 Enlevez la membrane qui recouvre les rognons.

Photo 5.25 Coupez les muscles entre les deux cuisses jusqu'au centre du bassin.

Photo 5.26 À l'aide d'un couteau ou d'une scie, séparez l'os du bassin en deux.

Photo 5.27 Retirez le gros intestin.

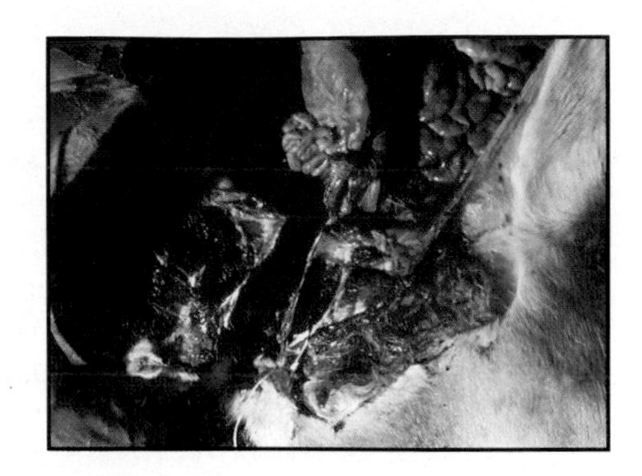

Photo 5.28 Sortez les viscères de l'intérieur de l'animal.

Photo 5.29 Le gros du travail est terminé.

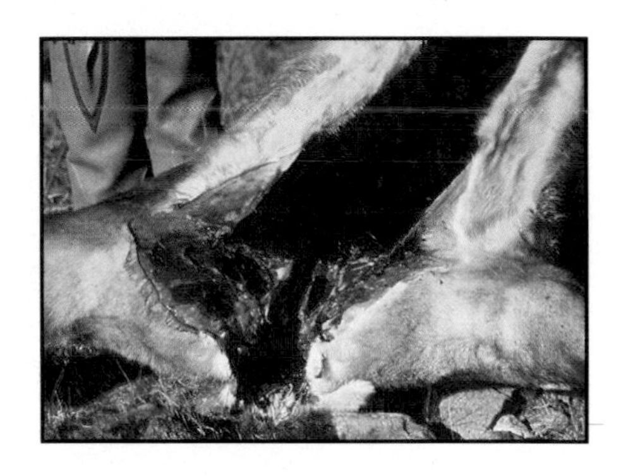

Photo 5.30 Pompez l'animal en faisant plusieurs flexions des pattes pour faire sortir le plus de sang possible.

L'éviscération se fait sensiblement de la même façon pour tous les cervidés, à l'exception d'une étape, la coupe du sternum, que plusieurs chasseurs n'effectuent pas pour le chevreuil. Après avoir dégagé l'anus, ils n'ouvrent que la partie abdominale de l'animal et rencontrent par conséquent certaines difficultés au moment de recueillir le foie et le cœur, car ils n'ont pas de place pour travailler à l'intérieur du «coffre».

Mais la coupe du sternum s'effectue aisément avec un bon couteau. En effet, la scie n'est pas nécessaire, et puis il est rare qu'un chasseur de chevreuil en ait une à sa ceinture. Après avoir coupé la peau qui recouvre le sternum, il suffit de sectionner les petits cartilages (huit de chaque côté) qui le relient aux côtes en tenant le couteau à la façon d'un poignard. Retirez le sternum et maintenez les flancs et la cage thoracique ouverts à l'aide d'un petit bâton.

En plus de faciliter le travail d'éviscération, cette opération favorise un meilleur refroidissement de la carcasse.

CHEVREUIL

Photo 5.31 **Un chevreuil après le coup de feu...**

Photo 5.32 **Vu sa petite taille, il est assez aisé de stabiliser un chevreuil dans cette position.**

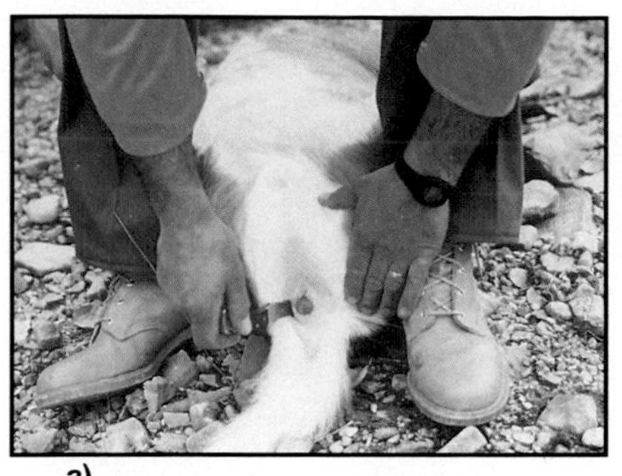

a)

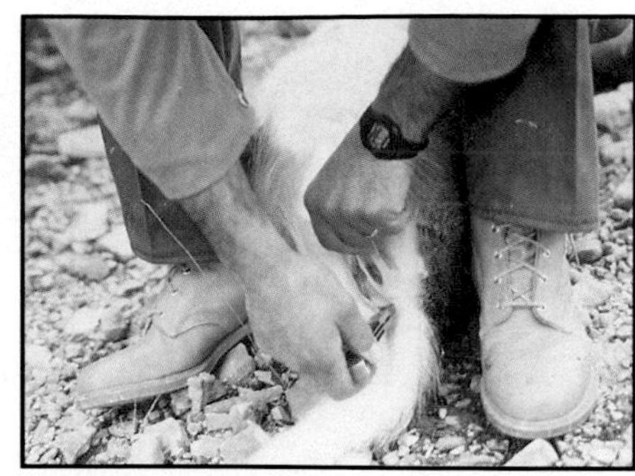

b)

Photo 5.33 **Contournez l'anus avec la pointe du couteau.**

Photo 5.34 **Coupez les ligaments qui retiennent le gros intestin. ▶**

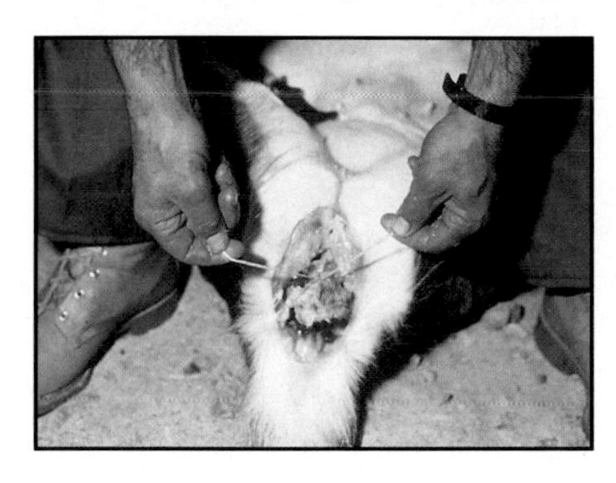

Photo 5.35 **Attachez l'anus.**

Photo 5.36 **Tirez sur la peau du ventre pour la tendre et faites-y une petite incision.**

a)

b)

Photo 5.37 (*a*) Insérez deux doigts dans l'ouverture pratiquée et (*b*), à l'aide du couteau glissé entre ceux-ci, coupez la peau du ventre jusqu'à l'anus.

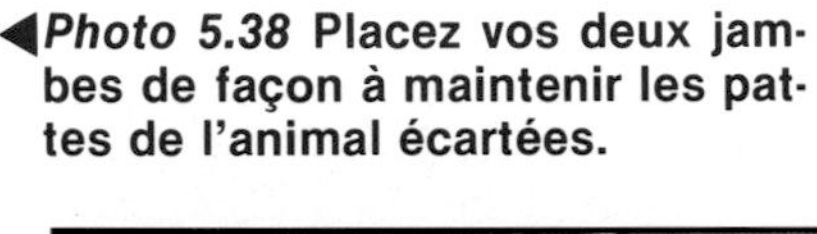

◀*Photo 5.38* Placez vos deux jambes de façon à maintenir les pattes de l'animal écartées.

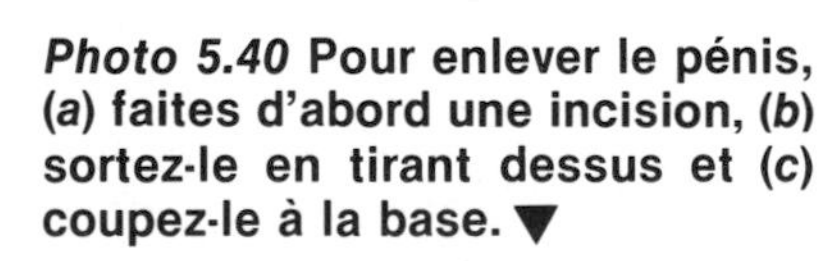

Photo 5.39 Coupez la peau du scrotum et enlevez les testicules. ▶

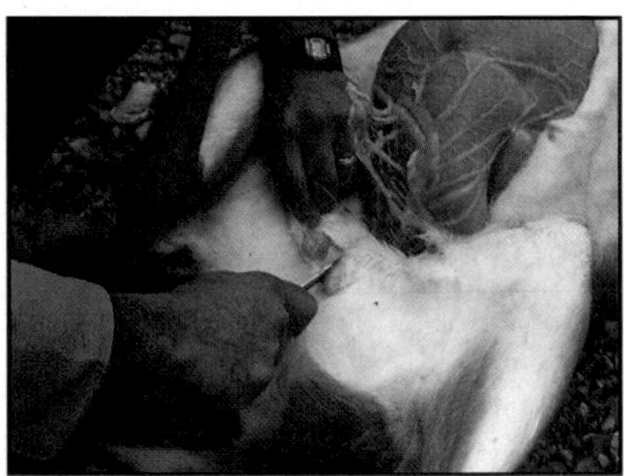

Photo 5.40 Pour enlever le pénis, (*a*) faites d'abord une incision, (*b*) sortez-le en tirant dessus et (*c*) coupez-le à la base. ▼

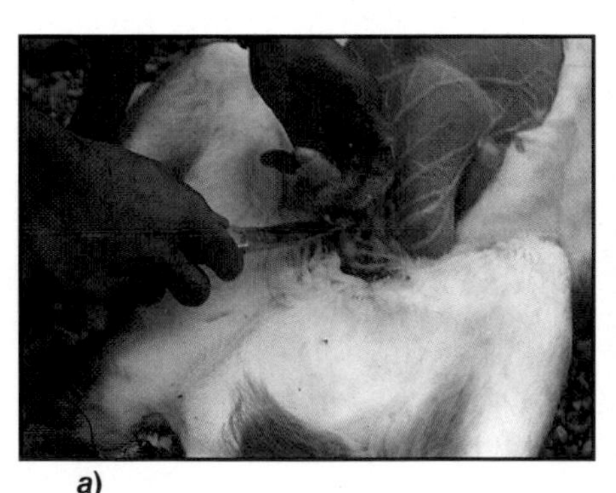

a)

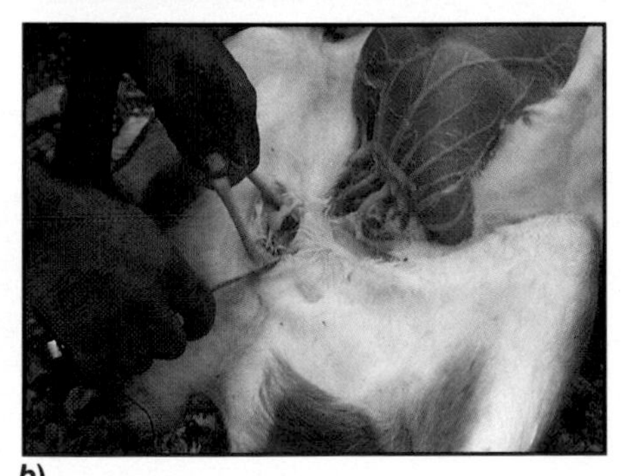

b)

c)

Photo 5.41 **Penchez l'animal sur le côté et sortez le contenu intestinal en dégageant le gros intestin.▼**

Photo 5.42 **(*a*) Soulevez la peau du flanc près des côtes pour tendre le diaphragme et (*b*) coupez celui-ci avec la pointe du couteau.▼**

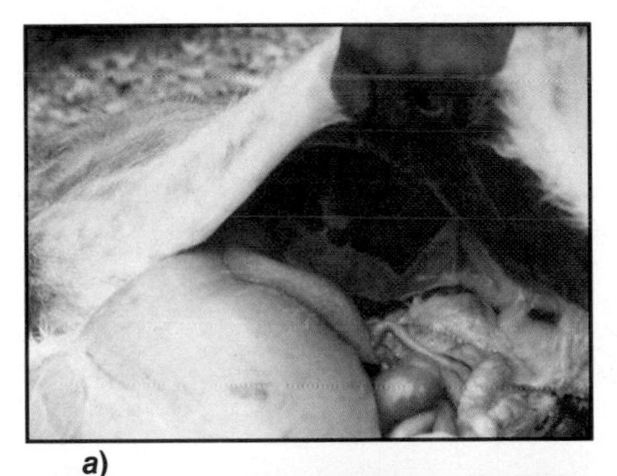

a)

b)

Photo 5.43 **Dégagez le cœur et le foie qui se trouvent à l'intérieur ◀de la cage thoracique.**

Photo 5.44 **Coupez le cœur près des artères qui s'y rattachent.**

Photo 5.45 **Prélevez le foie.**

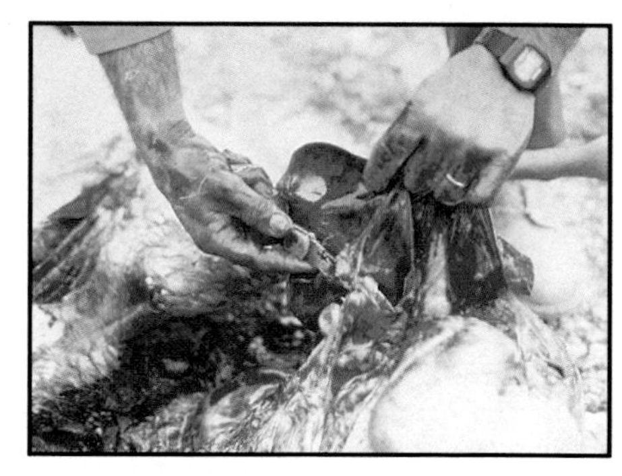

Photo 5.46 **Couchez le chevreuil sur le ventre (après l'avoir pompé) pour faciliter l'écoulement du sang.**

Étapes facultatives

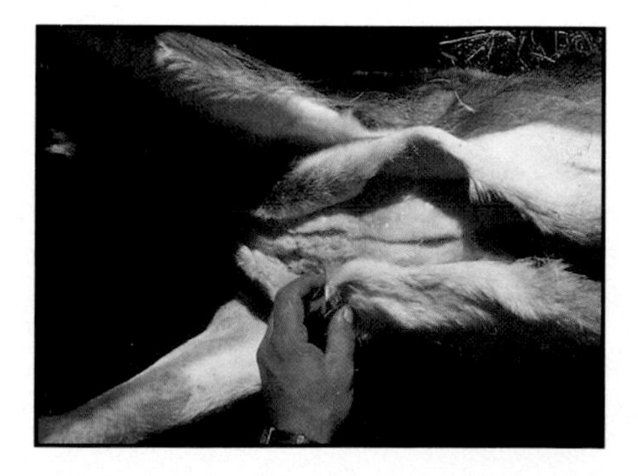

Photo 5.47 **Coupez la peau sur le dessus du sternum.**

Photo 5.48 Sciez le sternum.

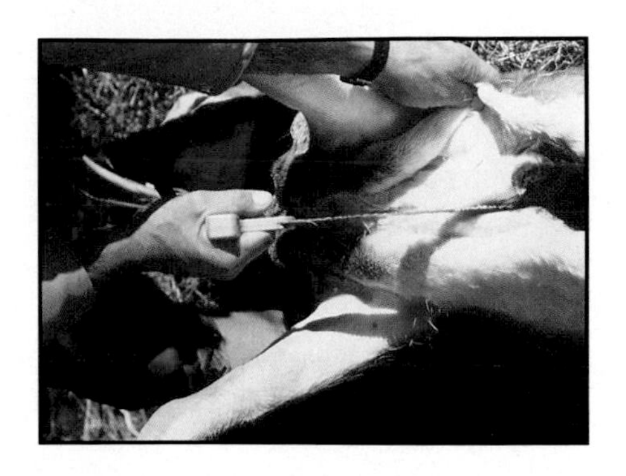

Photo 5.49 Dégagez l'œsophage.

Photo 5.50 Attachez l'œsophage.

ORIGNAL

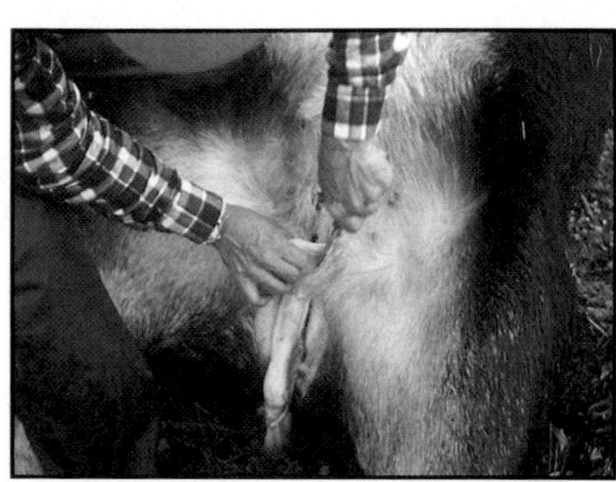

a)

b)

Photo 5.51 Après avoir dégagé l'anus, retirez (*a*) le pénis et (*b*) le scrotum.

◀ *Photo 5.52* Gros plan de la base du conduit du pénis, une fois les organes génitaux enlevés.

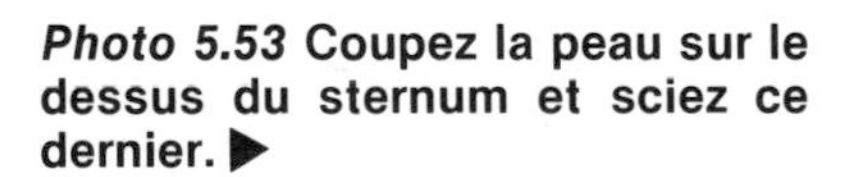

Photo 5.53 Coupez la peau sur le dessus du sternum et sciez ce dernier. ▶

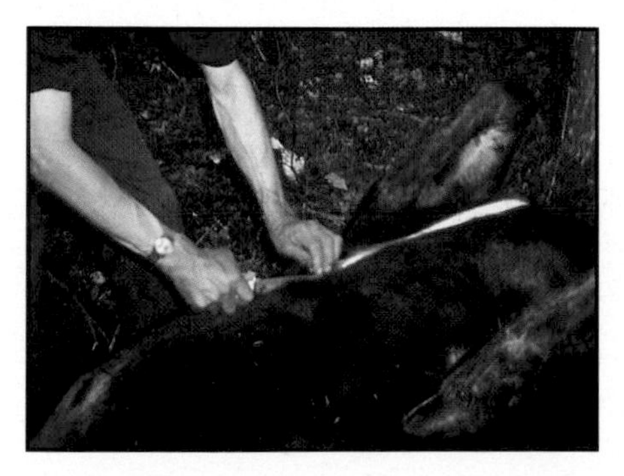

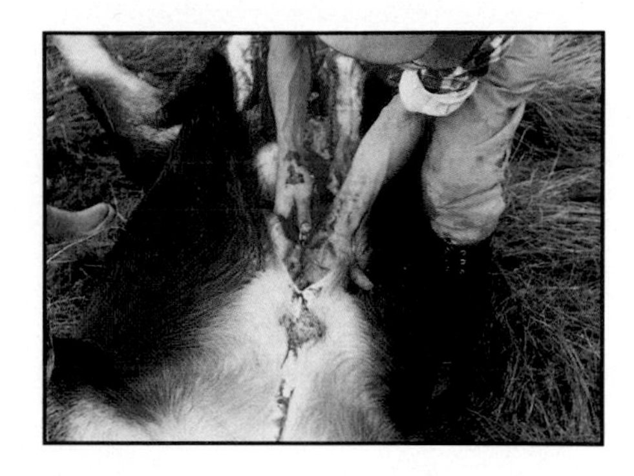

Photo 5.54 Coupez la peau du ventre jusqu'à l'anus.

Photo 5.55 La membrane enveloppant les intestins (la coiffe) peut être récupérée et utilisée pour différents produits de charcuterie.

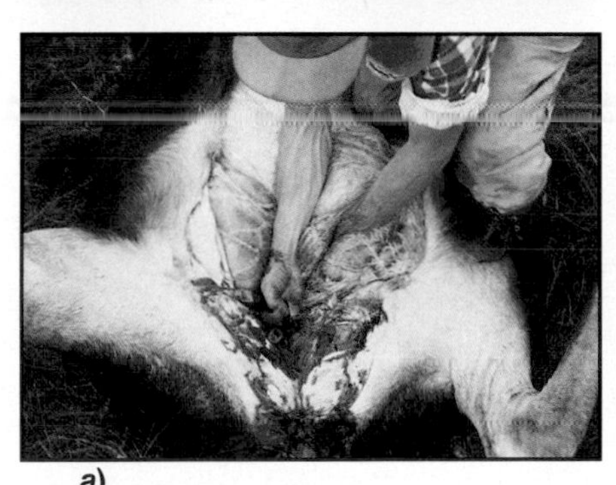

a)

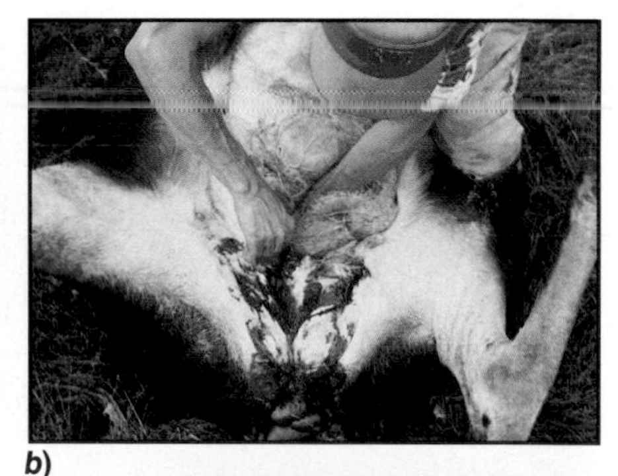

b)

Photo 5.56 (*a*) Tassez les intestins de votre main libre pour ne pas les perforer et (*b*), avec la pointe du couteau, coupez l'os du bassin.

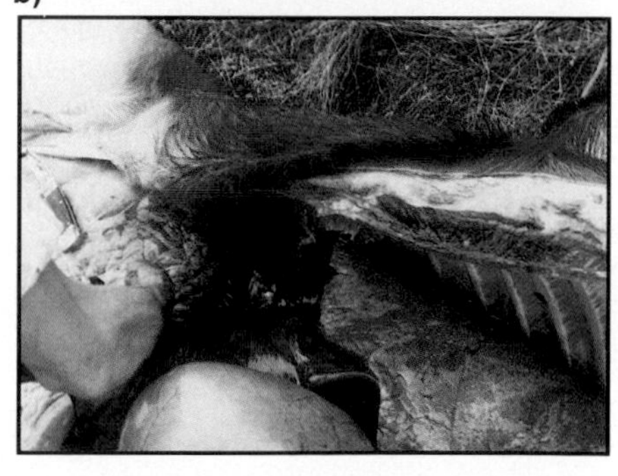

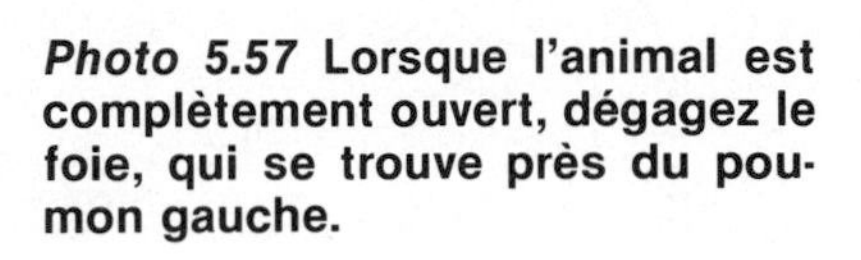

Photo 5.57 Lorsque l'animal est complètement ouvert, dégagez le foie, qui se trouve près du poumon gauche.

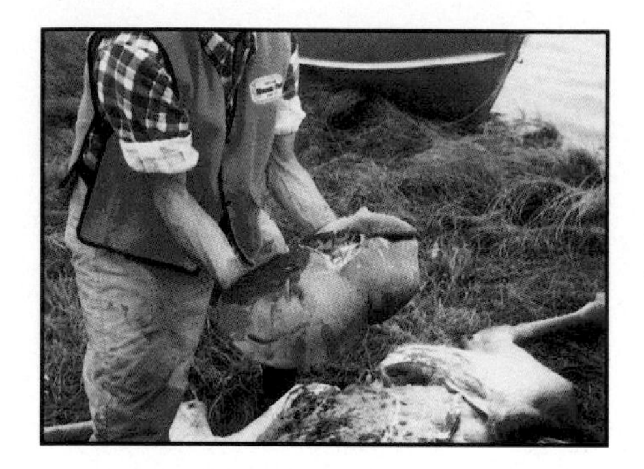

Photo 5.58 Le foie prélevé. À noter qu'il n'y a aucun parasite sur celui-ci.

Photo 5.59 Une fois l'œsophage attaché, tirez-le vers l'arrière de l'animal.

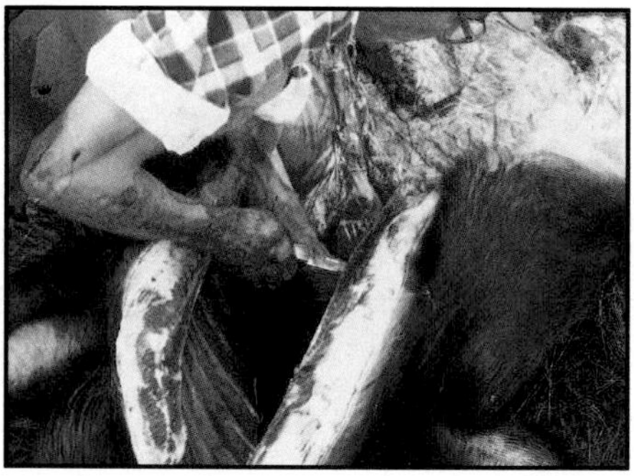

Photo 5.60 Coupez le diaphragme.

Photo 5.61 L'intérieur de la cage thoracique est maintenant vidé.

Photo 5.62 Tirez sur la panse vers l'arrière de l'animal pour sortir tous les viscères. ▶

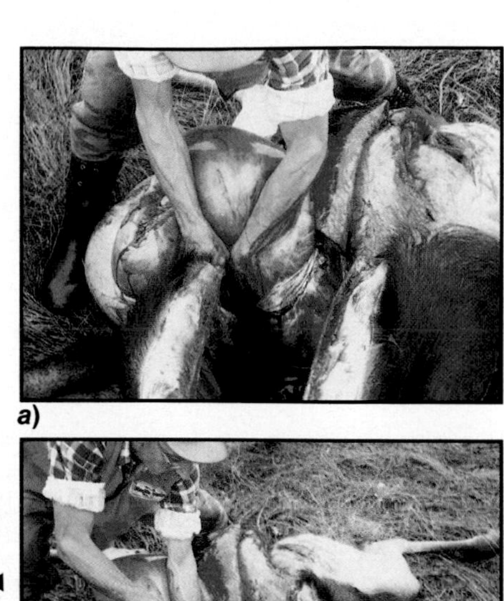

a)

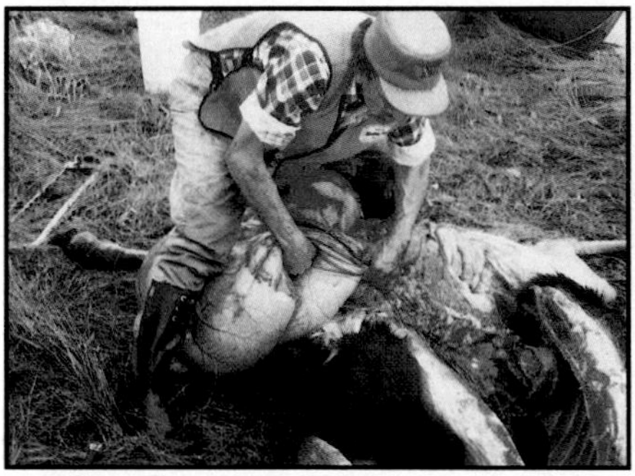

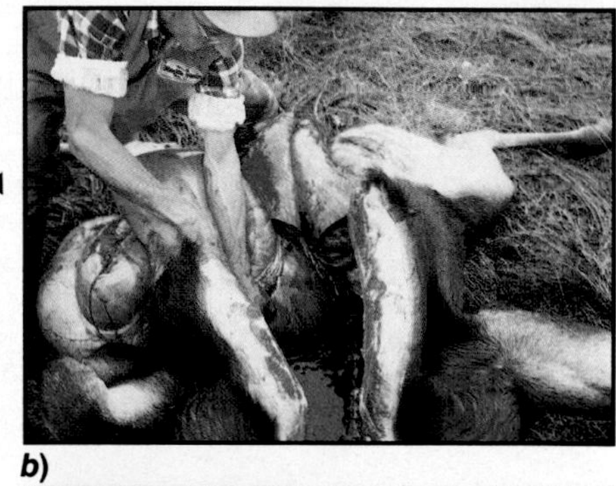

b)

◀

c)

Photo 5.63 Récupérez le cœur.

Photo 5.64 Prélevez les rognons et enlevez les parties grasses. ▼

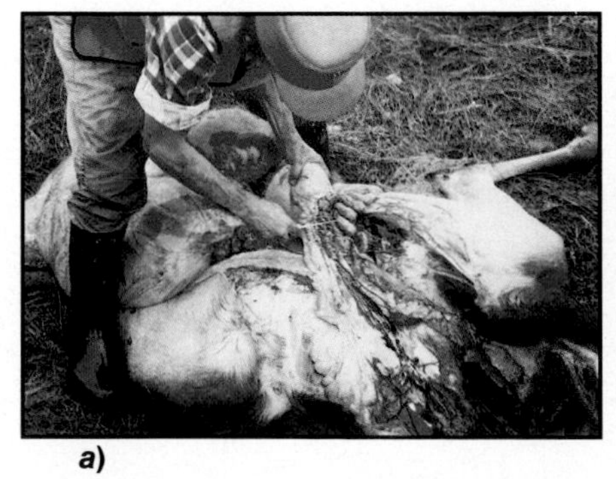

a)

b)

Photo 5.65 **Après avoir pompé l'animal, essuyez l'intérieur de la carcasse avec soin (toujours avec un linge propre).**

Photo 5.66 **Le père de l'auteur, Lucien Lemay, arborant le sourire de satisfaction du travail bien accompli.**

Malgré tout le travail qui reste à faire et votre hâte de retourner au camp, prenez le temps, avant de partir, d'enterrer les viscères de l'animal de même que toute carcasse impropre à la consommation (ce qui est très rare).

CONSEILS PRATIQUES

L'extraction des glandes métatarsiennes

Le chevreuil est le seul cervidé pourvu de glandes métatarsiennes (photo 5.67). Ces glandes, qui dégagent une forte odeur de musc, sont situées à l'intérieur des pattes arrière à la hauteur des os du métatarse. Il ne faut surtout pas les enlever lors de l'éviscération. La lame du couteau se souillera d'une forte odeur désagréable qui se transmettra à la viande.

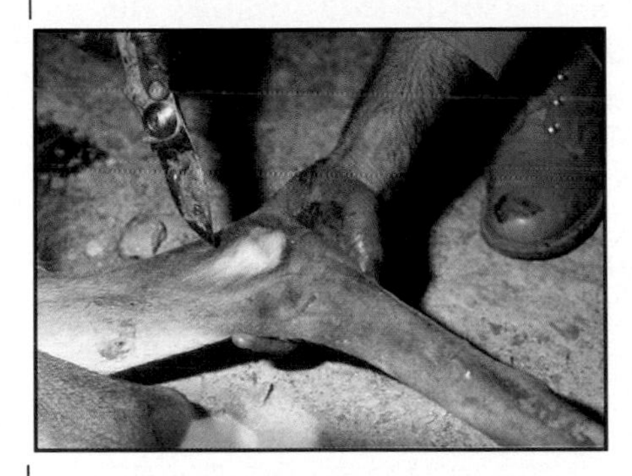

Photo 5.67 **Plusieurs chasseurs prélèvent les glandes métatarsiennes et s'en servent pour attirer le chevreuil. Ils en frottent tout simplement les semelles de leurs bottes.**

Si vous tenez à les conserver, enlevez-les une fois que vous serez chez le boucher et faites-les congeler. Sinon, abstenez-vous d'y toucher.

En cas de perforation intestinale

Par mégarde un projectile s'est logé dans les intestins ou bien lors de l'éviscération, un mauvais coup de couteau les a perforés. Si vous avez quelques feuilles de papier pêche dans votre sac à dos, votre problème est en partie réglé.

Avant que le contenu stomacal ou intestinal ne se répande à l'intérieur de l'animal, tapissez de papier pêche les parois abdominales et recouvrez-en l'endroit perforé à la façon d'un pansement. Évacuez ensuite le contenu interne de l'abdomen en pratiquant une incision sur le flanc perforé, de préférence entre la 11e et la 12e côte, endroit qu'il faudra de toute façon couper pour la séparation en quatre quartiers. Puis enlevez les organes de la cage thoracique. Une fois ces étapes terminées, nettoyez bien les endroits souillés par les matières fécales à l'aide d'un linge propre (coton à fromage) humide. Lorsque l'animal sera bien refroidi, enlevez la fine membrane transparente qui recouvre les chairs. Ainsi, la viande n'aura aucun arrière-goût.

Si vous chassez avec un arc

Vous préférez l'arc à la carabine? Soit, mais vous devrez quand même éviscérer votre animal et ce qui suit vous concerne tout particulièrement.

Une pointe de flèche logée dans la cage thoracique ou dans l'abdomen de l'animal présente des risques de coupures pour le chasseur au moment de l'éviscération. Il est préférable de la retirer plutôt que de tirer sur la flèche car vous risquez d'agrandir l'ouverture produite.

Précisons d'abord que l'instrument habituellement utilisé pour visser et dévisser les pointes de flèche n'est pas fonctionnel dans une telle situation. D'une part, comme la pointe est coincée dans les chairs ou dans les viscères de l'animal, cette opération devient très hasardeuse et peu aisée. D'autre part, la déformation des lames empêche l'emboîtement des pièces l'une dans l'autre, ou, s'il y a des parties de lame manquantes, les points d'appui de l'instrument pour la force initiale de dévissage sont réduits.

La meilleure méthode reste de couper la tige; elle demande beaucoup moins de manipulations et est par conséquent moins dangereuse.

Donc, avant d'extraire les viscères de l'animal, essayez de déterminer l'emplacement de la pointe de flèche en vous guidant sur la tige. Les tiges en fibre de verre se coupent facilement, et même celles en métal car elles sont creuses et pas trop dures. Pour ce faire, placez un morceau de bois dur ou une petite pierre sous la tige et, avec le coin du tranchant de la hache, frappez un ou deux coups secs. Retirez la pointe de flèche mais ne la jetez pas car elle est réutilisable. La tige, par contre, sera probablement irrécupérable et il y a de fortes chances qu'elle soit de toute façon faussée par l'impact sur la carcasse ou par le déplacement du gibier. Une fois cette opération terminée, éviscérez l'animal en suivant les explications données dans le texte précédent *(En cas de perforation intestinale)*.

Chapitre 6

La coupe en forêt

Le choix de la coupe de portage à effectuer dépend de trois facteurs: la distance à parcourir, la condition physique des chasseurs et la taille de l'animal. Il faut tenter d'évaluer le plus exactement (honnêtement!) possible chacun d'eux pour éviter que le portage ne devienne un cauchemar.

Un professionnel ou un homme d'affaires n'a pas la même résistance physique au dur labeur qu'un bûcheron. Et transporter un quartier d'orignal sur une distance de 1 ou 2 km peut être mortel pour certaines personnes.

Pour ce qui est de la taille de l'animal, les histoires de chasse ressemblent étrangement aux histoires de pêche! La masse de l'orignal ou du caribou a tendance à augmenter. Bien sûr, on trouve au Québec des animaux de plus de 500 kg mais ils représentent une infime minorité parmi les bêtes abattues. C'est seulement sur une balance que l'on peut juger de la masse de l'animal. C'est pourquoi le tableau suivant est divisé en trois catégories d'animaux, de 200, 250 et 300 kg, ce qui correspond davantage à la réalité.

Consultez aussi les planches d'ostéologie afin de vous familiariser avec l'ossature des gros gibiers et d'être en mesure d'appliquer les techniques expliquées dans le présent livre.

LA COUPE EN QUARTIERS

Masse de l'animal	Nombre de quartiers	Endroit de la coupe	Répartition des quartiers	Masse en kg	% de la charge
	4	entre la 11e et la 12e côte	2 avants ou 1 avant	104 / 52	52
			2 arrières ou 1 arrière	96 / 48	48
200 kilogrammes	6	entre la 5e et la 6e côte	2 avants ou 1 avant	70 / 35	35
			2 longes ou 1 longe	60 / 30	30
		entre la 5e et la 6e vertèbre lombaire	2 arrières ou 1 arrière	70 / 35	35
	4	entre la 11e et la 12e côte	2 avants ou 1 avant	130 / 65	52
			2 arrières ou 1 arrière	120 / 60	48

250 kilogrammes	**6**	entre la 5e et la 6e côte	2 avants ou 1 avant	87,5 43,7	35
			2 longes ou 1 longe	75 37,5	30
		entre la 5e et la 6e vertèbre lombaire	2 arrières ou 1 arrière	87,5 43,7	35
300 kilogrammes	**4**	entre la 11e et la 12e côte	2 avants ou 1 avant	156 78	52
			2 arrières ou 1 arrière	144 72	48
	6	entre la 5e et la 6e côte	2 avants ou 1 avant	105 52,5	35
			2 longes ou 1 longe	90 45	30
		entre la 5e et la 6e vertèbre lombaire	2 arrières ou 1 arrière	105 52,5	35

Séparation en quartiers

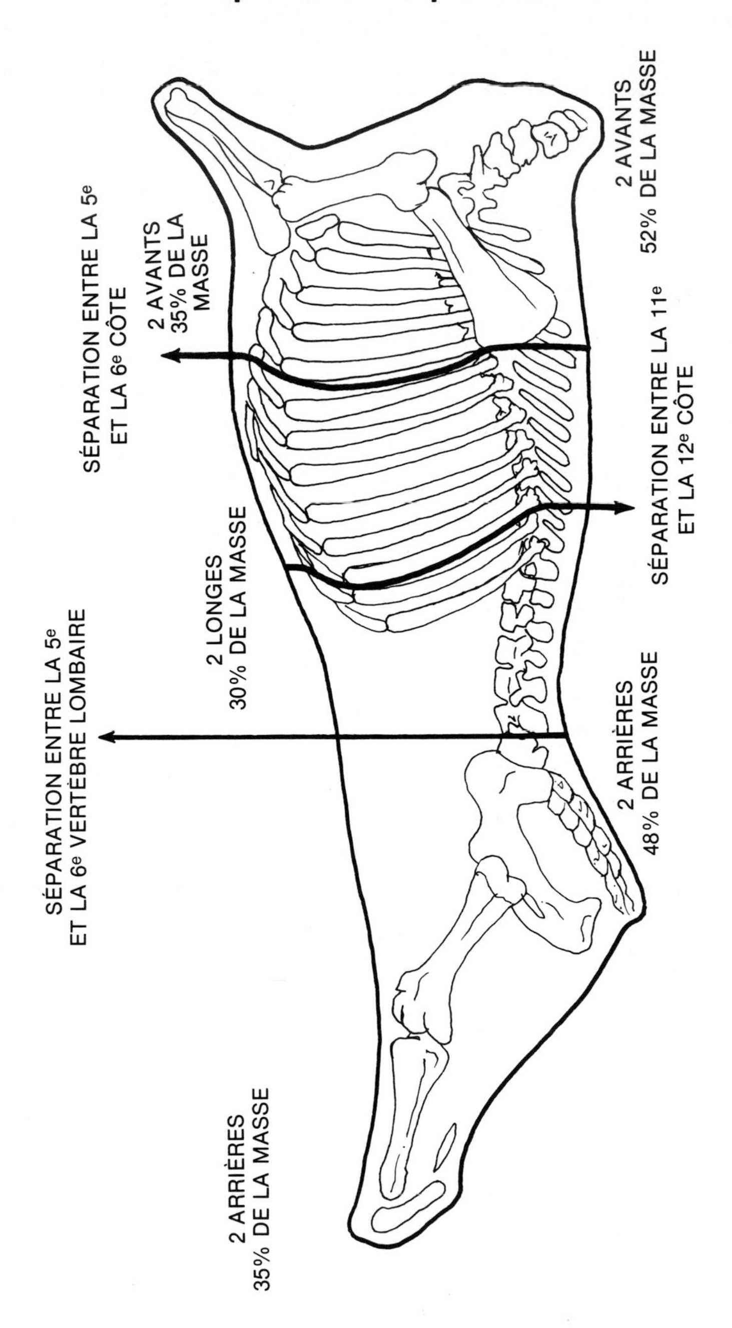

La séparation de la tête

Avant de procéder à la coupe en quartiers, il faut décapiter l'animal (photos 6.1, 6.2 et 6.3). Pour récupérer le maximum de viande, il est essentiel de couper à la base du crâne en taillant la peau juste dans le creux situé à l'arrière de l'oreille en direction de l'angle droit formé par la mâchoire inférieure. L'opération doit bien sûr se faire des deux côtés de l'animal.

La coupe en quatre quartiers

Pour la coupe en quatre quartiers, il faut tout d'abord séparer la carcasse entre la 11e et la 12e côte (pour l'orignal), ou entre la 12e et la 13e (pour le caribou). Quand vous avez localisé la bonne côte, coupez d'abord les muscles, ensuite la peau, en partant de la colonne vertébrale. Sciez ensuite les cartilages (prolongement de la côte) et répétez toute l'opération de l'autre côté. C'est à ce moment qu'il faut scier la colonne vertébrale. À la fin de cette étape, la carcasse est séparée en deux parties.

La coupe longitudinale de la colonne

Lors de la coupe de la colonne vertébrale, pour la séparation des avants (photo 6.8) et celle des arrières (photo 6.14), il faut s'efforcer de suivre le plus possible les apophyses (prolongement plat des vertèbres qui pointe vers le dos). Idéalement, on dépose les avants et les arrières, la peau en dessous, sur une souche, un tronc d'arbre ou une pierre afin de les surélever. Cela les protège aussi des saletés. Lorsque les quartiers sont sciés, il reste à couper la peau avec un couteau. Plus la coupe est faite au centre des vertèbres, meilleur est le rendement en viande. Et une coupe a été bien effectuée lorsque le canal de la moelle épinière a été coupé en deux.

Cette coupe peut aussi se faire avec une hache mais l'utilisation d'une deuxième facilite le travail et réduit de beaucoup le risque d'une déviation du taillant ainsi que la quantité d'esquilles. La figure ci-après illustre bien la technique à employer. Vous obtiendrez une coupe propre en prenant votre temps.

Cette précision dans la coupe est nécessaire à cause de la présence, tout le long de la colonne vertébrale, des muscles les plus tendres de l'animal. De chaque

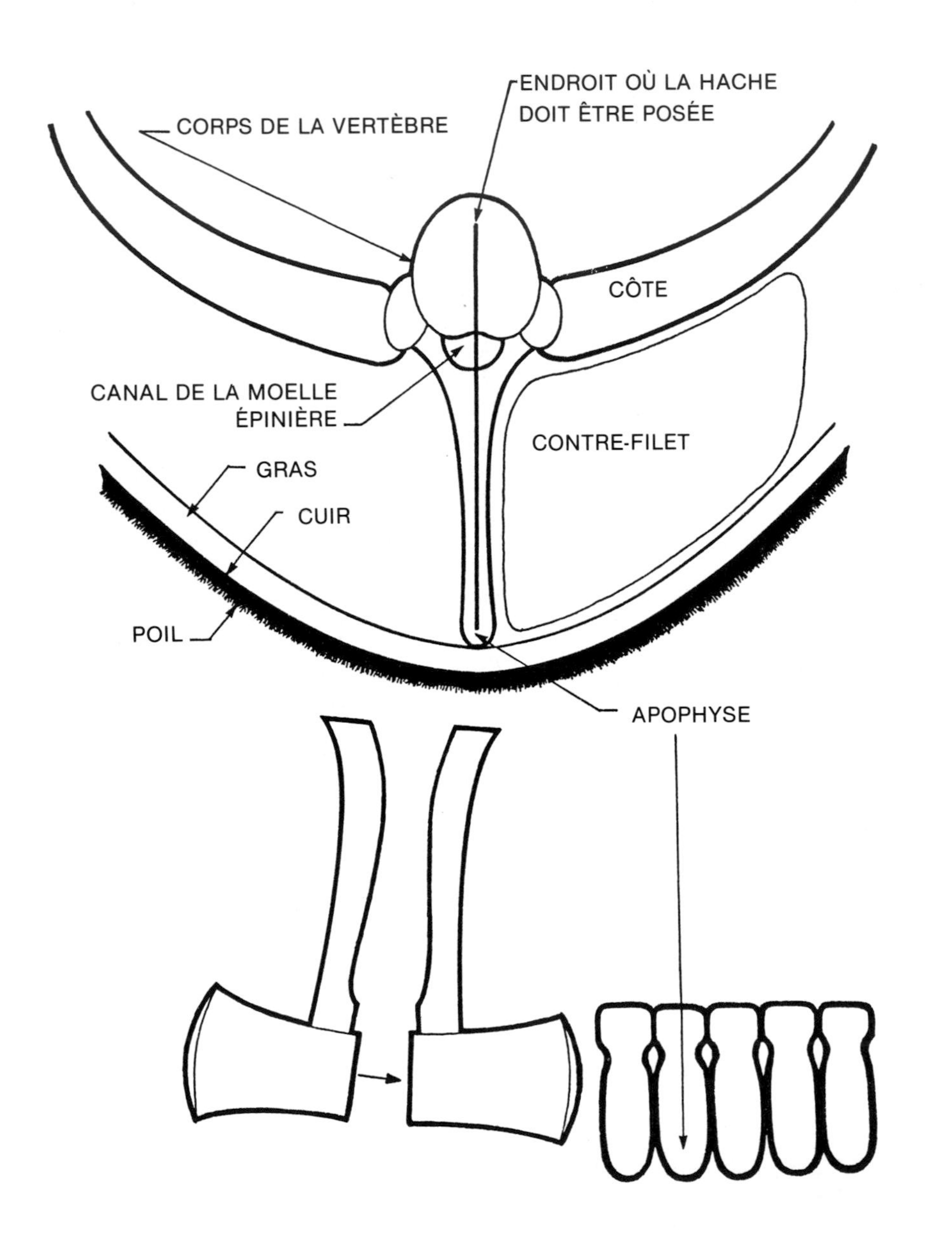

Coupe de la colonne vertébrale

Placez le taillant d'une hache sur la face de la 11e vertèbre, le plus au centre possible, et avec la tête d'une autre hache frappez sur la première.

côté des apophyses se trouvent les faux-filets (quartiers avant) et les contre-filets (quartiers arrière). Les filets, eux, commencent à la hauteur du coxal et se terminent en pointe au bout de la 13e côte, à la base du diaphragme. Même pendant l'éviscération, prenez garde de ne pas les endommager.

La coupe des pattes

La coupe des pattes (photos 6.10, 6.11 et 6.13) peut se faire après ou avant la coupe en quartiers. Les pattes avant sont coupées au centre des os du carpe (coude) et les pattes arrière, au niveau du tarse (genou). Coupez d'abord la peau tout autour de l'articulation et ouvrez celle-ci en exerçant une pression vers l'extérieur avec les mains. Terminez la coupe au couteau. Il faut se garder, en coupant les pattes arrière, de couper les tendons d'Achille car ils serviront à suspendre les quartiers.

Si vous préférez utiliser une scie, qui donne une coupe plus nette, coupez quand même la peau au couteau pour ne pas salir les dents de l'outil.

CARIBOU

Photo 6.1 **Coupez la peau et les muscles le plus près possible du crâne et situez l'occiput.**

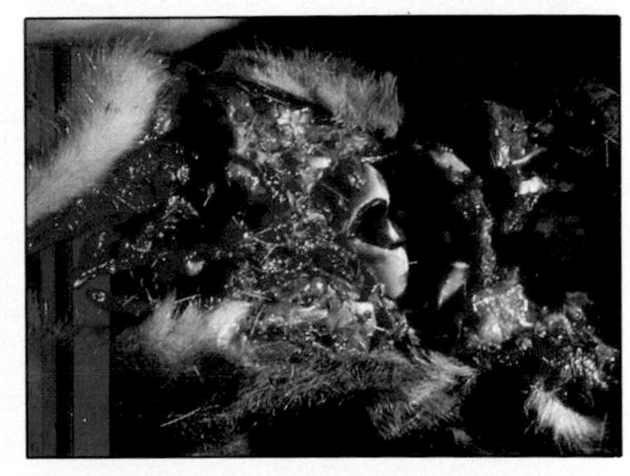

Photo 6.2 **Disjoignez l'occiput (qui ressemble à une boule de billard perforée) de la première vertèbre cervicale (atlas).**

Photo 6.3 La tête disloquée du cou.

Photo 6.4 Comptez les côtes en commençant par l'avant de l'animal.

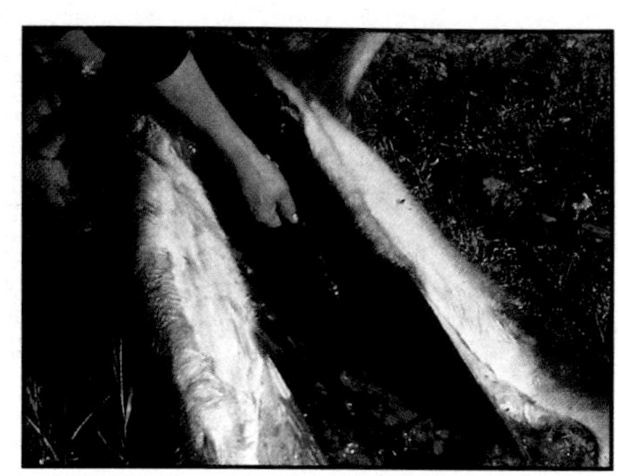

Photo 6.5 Coupez l'intérieur des flancs entre la 12ᵉ et la 13ᵉ côte.

Photo 6.6 Répétez l'opération de l'autre côté.

Photo 6.7 Sciez la colonne vertébrale pour séparer les avants des arrières.

Photo 6.8 Séparez les avants en sciant en plein centre de la colonne vertébrale sur toute leur longueur.

Photo 6.9 L'avant une fois les vertèbres sciées.

Photo 6.10 Pour sectionner les pattes avant, coupez d'abord la peau en plein centre du coude.

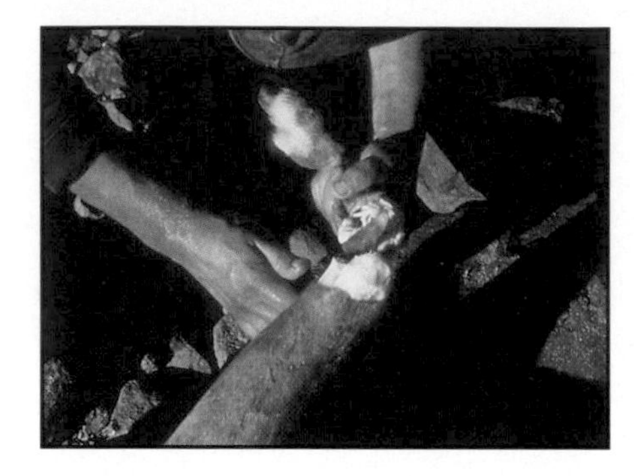

Photo 6.11 Disjoignez la patte du jarret au centre de l'articulation (coude).

Photo 6.12 Enveloppez les avants dans du coton à fromage.

Photo 6.13 Sciez ou désarticulez les pattes arrière.

Photo 6.14 Sciez la colonne vertébrale pour séparer les arrières l'un de l'autre.

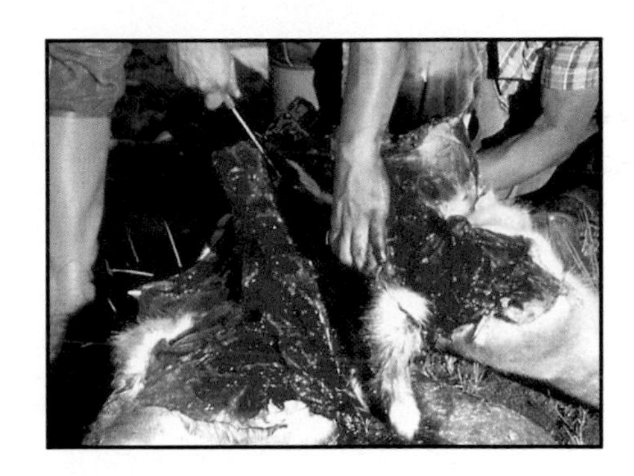

Photo 6.15 **Coupez la peau des quartiers avec un couteau (comme pour l'avant).**

Photo 6.16 **Recouvrez aussi de coton à fromage chacun des quartiers arrière.**

Photo 6.17 **L'animal en quartiers est maintenant prêt pour le transport.**

ORIGNAL

Photo 6.18 **Coupez la peau à la base du crâne puis les muscles tout autour du cou.**

Photo 6.19 **Disjoignez la tête de la première vertèbre cervicale.**

Photo 6.20 **Sciez ou désarticulez les pattes après avoir coupé la peau au couteau.**

Photo 6.21 Coupez la chair et la peau entre la 11e et la 12e côte.

Photo 6.22 Sciez les cartilages à l'extrémité des côtes, perpendiculairement à celles-ci.

Photo 6.23 Faites de même de l'autre côté, toujours en partant de la colonne vertébrale.

Photo 6.24 Sciez la colonne.

Photo 6.25 **Séparez maintenant en quatre quartiers, en sciant la colonne vertébrale sur toute sa longueur.**

La coupe en six quartiers

Pour séparer l'animal en six parties, il faut d'abord couper entre la 5e et la 6e côte en procédant de la façon décrite plus haut. La coupe entre la 5e et la 6e vertèbre lombaire est beaucoup plus facile car il n'y a plus de côtes à cet endroit. Tout comme pour la coupe en quatre quartiers, il faut d'abord couper la chair et ensuite la peau. Il suffit ensuite de scier ces trois parties dans le sens de la longueur pour obtenir six quartiers.

Photo 6.26 **Enlevez la tête.**

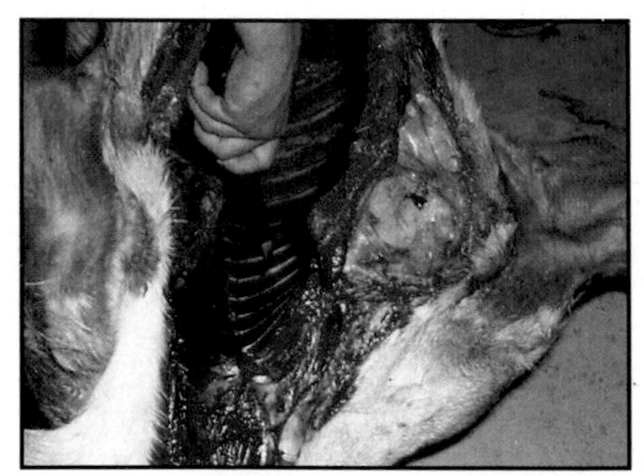

Photo 6.27 **Séparez les avants des arrières entre la 5e et la 6e côte.**

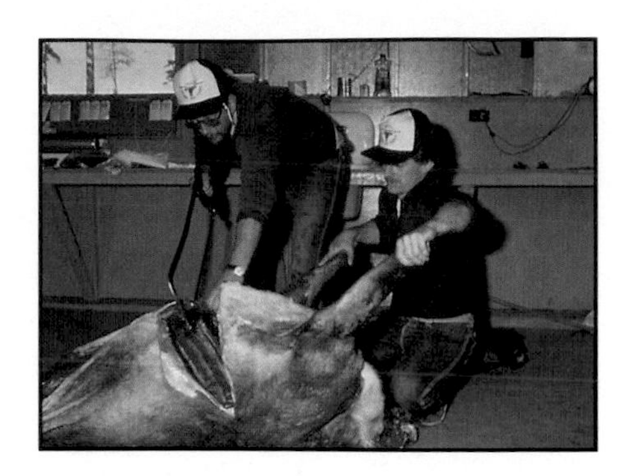

Photo 6.28 Faites de même de l'autre côté.

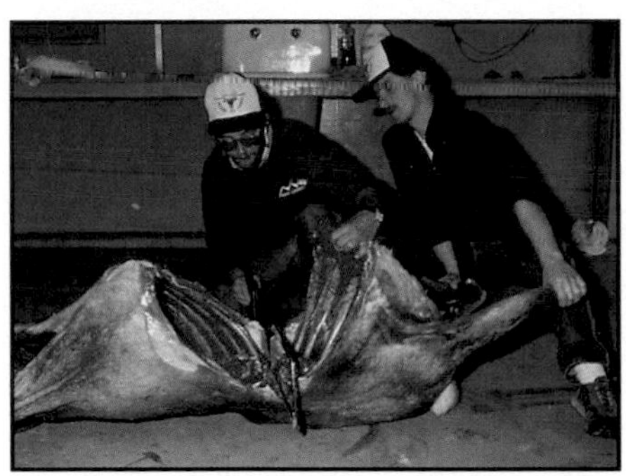

Photo 6.29 Sciez la colonne vertébrale.

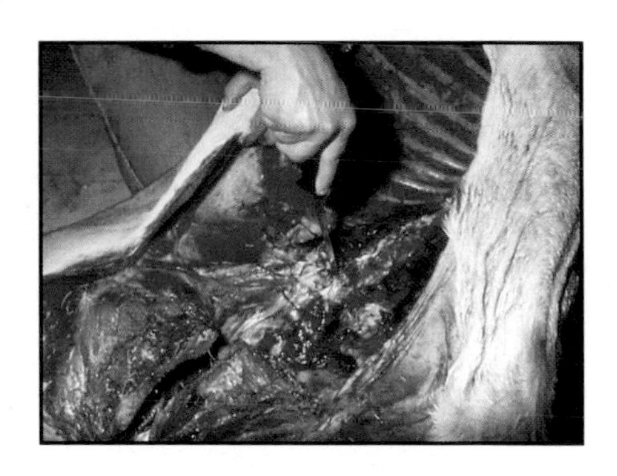

Photo 6.30 Repérez la jointure entre la 5ᵉ et la 6ᵉ vertèbre lombaire.

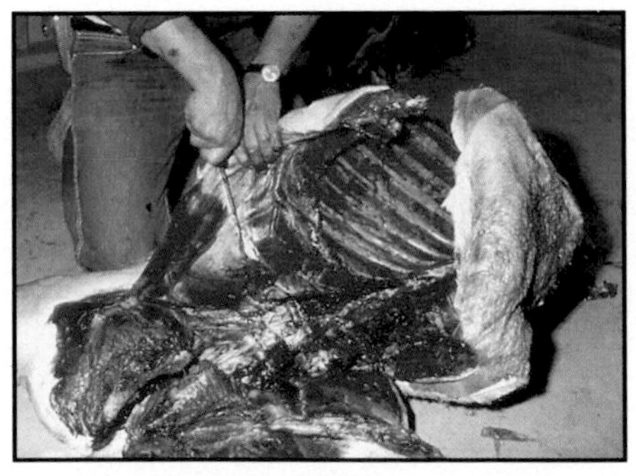

Photo 6.31 À partir de ce point de repère, coupez les flancs en partant de la colonne vertébrale.

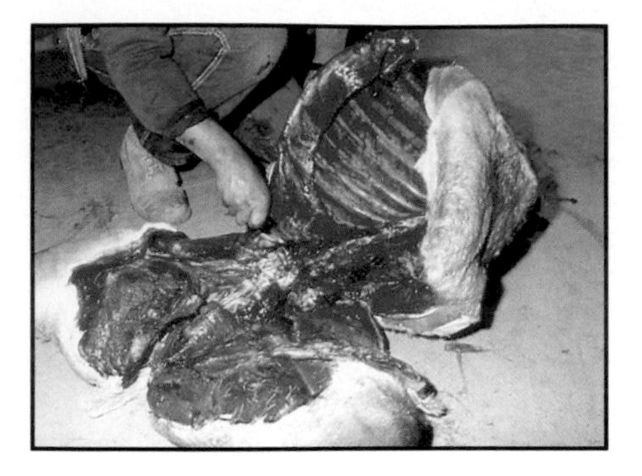

Photo 6.32 Répétez l'opération de l'autre côté.

Photo 6.33 Coupez la colonne vertébrale pour séparer les longes des cuissots.▶

Photo 6.34 Séparez les avants en sciant en plein centre de la colonne vertébrale.▼

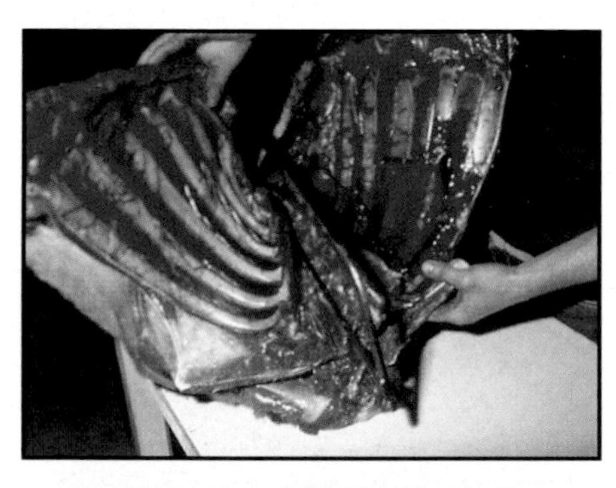

Photo 6.35 Coupez (*a*) le tissu musculaire et (*b*) la peau retenant les deux avants.▼

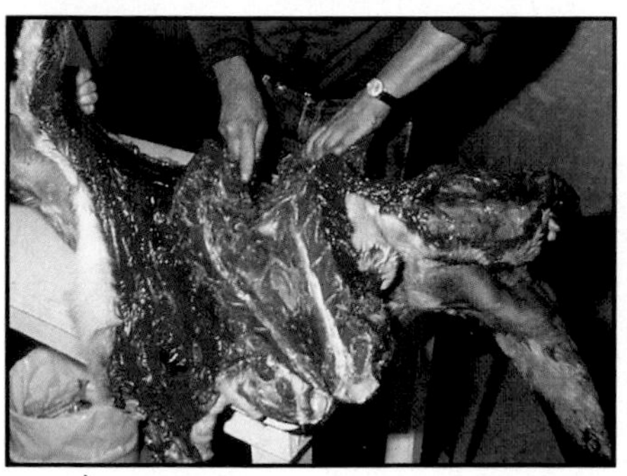

a)

b)

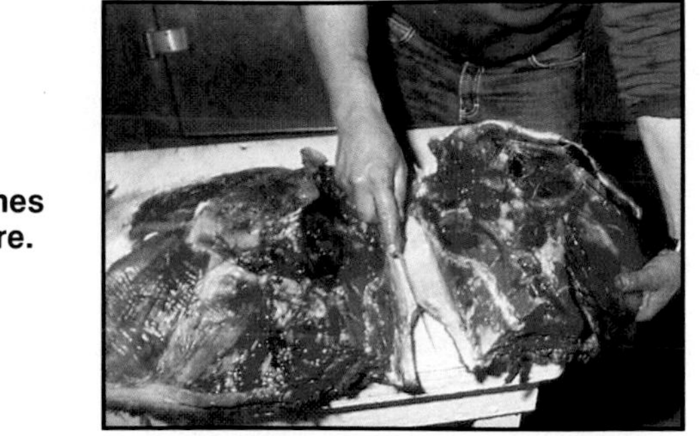

Photo 6.36 **Répétez les mêmes opérations pour la partie arrière.**

Le portage

Il ne vous reste plus maintenant qu'à transporter votre animal. La façon de procéder pour l'orignal diffère de celle utilisée pour le caribou et pour le chevreuil.

Les quartiers d'orignal peuvent se porter sur l'épaule sur des distances relativement courtes, mais le sac à dos (sac de portage) muni d'un collier de tête reste le moyen idéal et le moins fatigant. À défaut de collier de tête, faites une incision dans la peau du quartier d'orignal de façon à fabriquer une bande. Une armature de sac à dos en aluminium à laquelle on attache solidement le quartier peut aussi sauver des efforts.

Pour le chevreuil, le brancard s'avère le moyen idéal. Le caribou peut se transporter ainsi si on n'a pas jugé bon de faire la coupe en quartiers. Fixez les pattes arrière aux gaules et attachez les pattes avant derrière la tête avant de les fixer à leur tour au brancard. Attachez l'animal solidement pour l'empêcher de balloter.

Il faut éviter de traîner l'animal sur une grande distance car cela endommage la viande (les contre-filets peuvent décoller) et la peau. Si la distance est courte, il est préférable d'attacher les pattes avant à la tête de l'animal et de le tirer par le panache (photo 6.37).

Il est toujours plus sécuritaire de fixer un morceau de tissu de couleur vive (orange fluorescent) sur le gibier ou la partie du gibier qu'on transporte (photo 6.38) pour éviter toute méprise de la part des autres chasseurs.

Avec un véhicule tout terrain (3 ou 4 roues), le transport du gibier de la forêt au campement devient presque une sinécure. Il suffit de faire de petites incisions dans le cuir, d'y passer une corde et d'attacher solidement les quartiers ou l'animal au support du véhicule (photo 6.39). Il est préférable, s'il pleut ou si le terrain est détrempé, de recouvrir la viande de polythène (photo 6.40). Mais attention, si la viande est encore chaude, elle ne doit pas être recouverte trop longtemps.

Si vous utilisez un véhicule tout terrain, veuillez faire preuve d'un bon esprit sportif en respectant les autres chasseurs sur leur territoire.

Photo 6.37 **À cause du terrain dur et rocailleux dans la toundra, un caribou ne devrait être traîné que sur une très courte distance.**

Photo 6.38 **Du gibier transporté de façon sécuritaire.**

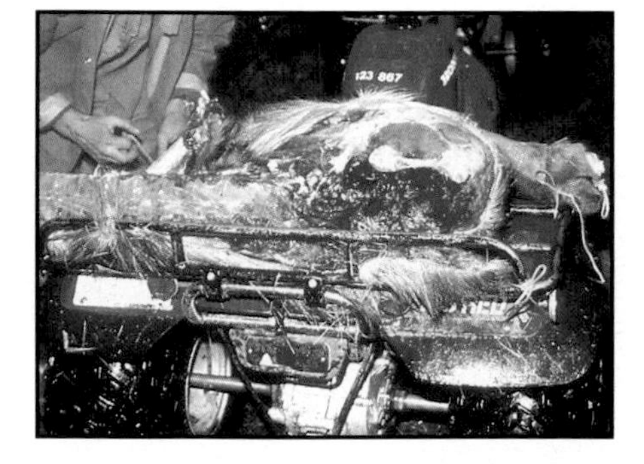

Photo 6.39 **Quartier d'orignal fixé solidement au support d'un véhicule tout terrain.**

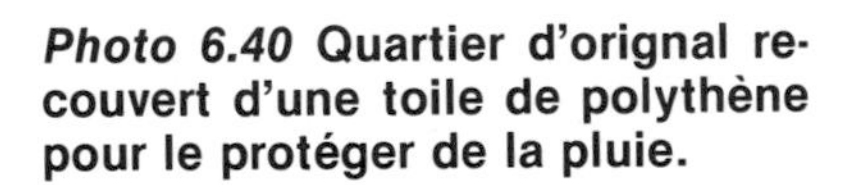
Photo 6.40 **Quartier d'orignal recouvert d'une toile de polythène pour le protéger de la pluie.**

Nous ne saurions trop insister sur l'importance de bien prendre votre temps lorsque vous effectuez la coupe en quartiers. Les nombreuses photos et illustrations vous aideront à bien situer l'emplacement des différents points de repère indiqués afin d'obtenir des coupes précises. Consultez-les aussi souvent qu'il le faudra; un travail hâtif n'est que rarement bien fait. Votre rendement en viande en dépend.

CONSEILS PRATIQUES

En cas de pluie...

Lorsqu'il pleut, certains chasseurs troquent leur arme contre une partie de cartes à la chaleur du poêle. Mais les audacieux parcourent la forêt, se disant que la saison de chasse est trop courte pour perdre une journée. Si vous êtes de ceux-là et que la chance vous sourit, vous devez, après la coupe de l'animal, placer les quar-

Photo 6.41 **Quartiers d'orignal sous un abri de polythène.**

tiers de façon que la peau soit sur le dessus (en temps normal, la peau doit être placée en dessous). Surtout, ne les recouvrez pas de polythène.

Mais si le portage est court ou que vous abattez votre gibier tout près du camp, la meilleure solution reste de suspendre les quartiers et de les recouvrir de polythène. Mais attention, à la façon d'une tente pour qu'il y ait une bonne circulation d'air (photo 6.41).

Des abris

Afin d'empêcher les prédateurs tels que l'ours, le loup et le renard d'avoir un repas gratuit pendant votre absence, il suffit de faire preuve d'ingéniosité.

Si vous êtes près d'un plan d'eau, ancrez une embarcation dans laquelle vous aurez placé votre venaison, à une bonne distance du rivage, pour que l'animal ne puisse y avoir accès. N'oubliez pas d'y attacher une corde pour pouvoir la récupérer ensuite.

Dans la forêt, vous pouvez déblayer une surface de terrain, en cercle, et déposer votre gibier au centre. Laissez la panse à l'extérieur du cercle. De plus, un de vos vêtements laissé près de cet endroit aidera à tenir les prédateurs à distance car ceux-ci ont un odorat développé. Une lanterne à feu clignotant peut aussi les empêcher de trop s'approcher.

Une autre bonne méthode est sans contredit de suspendre l'animal hors d'atteinte des prédateurs. Bien que la plupart des oiseaux s'attaquent surtout aux tissus graisseux des animaux, il est quand même préférable de recouvrir les quartiers de coton à fromage. Mais attention aux pies, elles s'en prennent à tout!

Lors d'excursions de chasse en région éloignée, le retour n'est pas toujours possible immédiatement après le refroidissement des quartiers. Pour les protéger du soleil, des attaques des mouches et à l'occasion de celles des pies, un abri fermé devient nécessaire.

Cet abri, carré ou rectangulaire, peut avoir de 2 à 3 m de côté selon le nombre de bêtes abattues. La structure de même que la partie inférieure sont construites avec des troncs d'arbres et la partie du haut est constituée d'une moustiquaire de 1,70 à 2 m de large. Un toit opaque, soit en papier goudronné ou en plastique (de couleur), maintiendra une fraîcheur constante à l'intérieur de l'abri. Bien entendu, la construction d'un abri démontable s'applique particulièrement dans le cas d'un territoire de chasse permanent où l'on peut laisser en place la structure qui servira la saison prochaine.

Mais avant de vous encombrer d'un surplus de matériel, informez-vous auprès de votre pourvoyeur, car plusieurs disposent de ce type d'abri.

Chapitre 7

La préparation des abats

La dégustation des abats! Voilà certainement un des meilleurs moments de la journée. Et peu de chasseurs le remettent au lendemain.

Une fois de retour au camp, il vous reste donc à récupérer la cervelle et la langue de l'animal — le cœur, le foie, les animelles et les rognons ont été prélevés lors de l'éviscération — et à procéder à la préparation finale des abats. Ces deux dernières étapes sont simples et prennent peu de temps.

Certains chasseurs attendent d'être rendus à la maison pour faire ce travail. Dans ce cas, si vous transportez la tête de l'animal sur le toit de votre voiture, récupérez la langue avant sinon elle se salira et pourra chauffer durant le transport.

Contrairement à la viande, les abats ne demandent aucun vieillissement. Plus ils sont frais, plus leurs qualités nutritives sont élevées et meilleur est leur goût. Si vous ne consommez pas les abats immédiatement, conservez-les au congélateur dans des sacs à congélation (photo 7.1). Faites congeler la langue, les rognons et le cœur en entier, mais découpez le foie en morceaux de la grosseur désirée. Vous le trancherez, à moitié décongelé, au moment de le consommer.

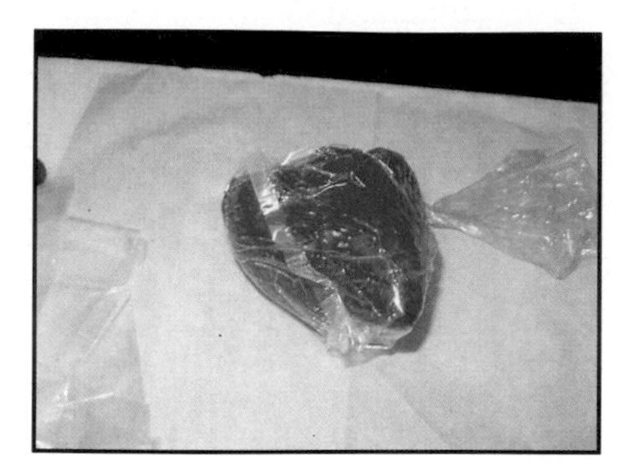

Photo 7.1 Faites congeler les abats si vous ne les consommez pas immédiatement.

Photo 7.2 Pour avoir accès à la cervelle, vous n'avez qu'à scier la calotte crânienne.

Photo 7.3 Soulevez la cervelle à l'aide de l'index ou de la lame du couteau.

Photo 7.4 La cervelle une fois prélevée. À noter qu'elle est légèrement déformée à cause de l'ouverture de la boîte crânienne nécessitée par la récupération du panache (*voir* le chapitre sur la naturalisation).

Photo 7.5 **Cervelle prélevée sur un crâne scié au-dessus de l'orbite oculaire.**

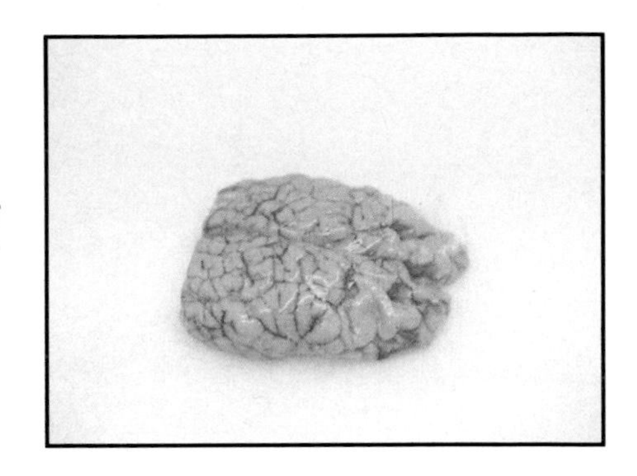

Photo 7.6 **Après avoir coupé et dégagé la peau au centre sous les os de la mâchoire inférieure, tirez sur la langue en coupant les cartilages qui la retiennent en place.**

a)

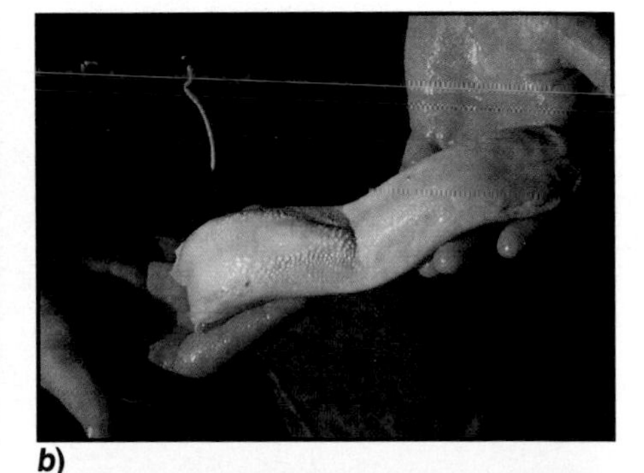

b)

Photo 7.7 **Nettoyez la langue dans l'eau et grattez-la, en commençant par la pointe, pour enlever les résidus de nourriture. (Sauf le mâle en rut, presque tous les animaux ont des restes de nourriture dans la bouche.)**

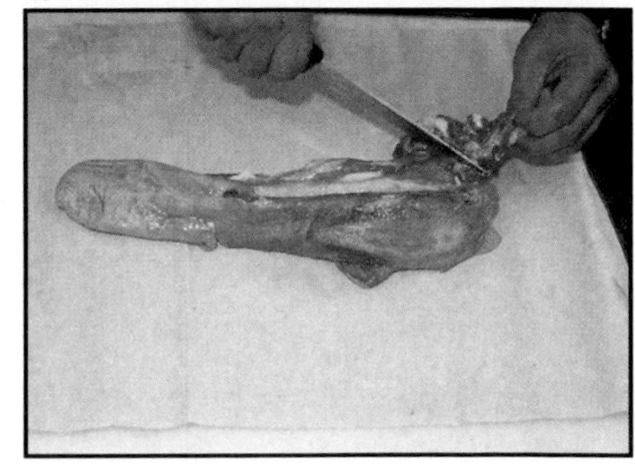

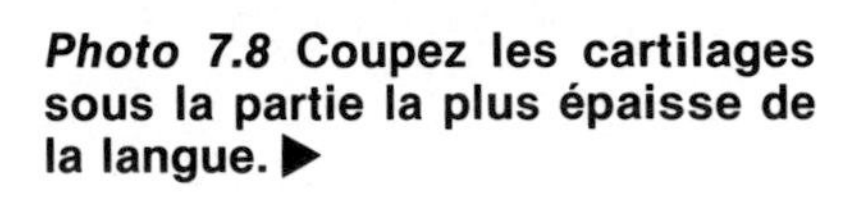

Photo 7.8 **Coupez les cartilages sous la partie la plus épaisse de la langue.** ▶

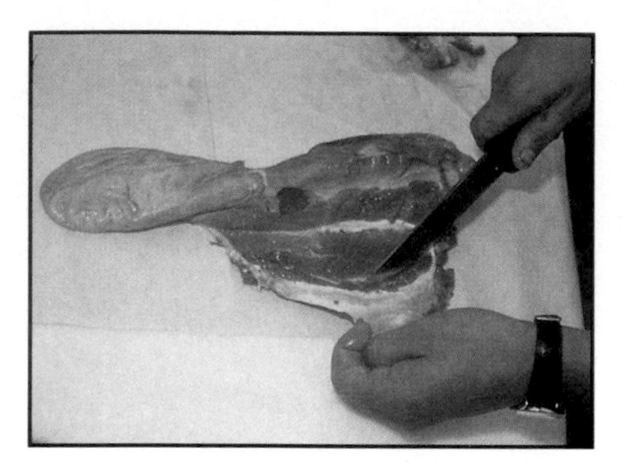

Photo 7.9 Enlevez la membrane de chaque côté.

Photo 7.10 La langue est prête pour la cuisson. Cet abat, riche en protéines et en minéraux, constitue un mets de choix.

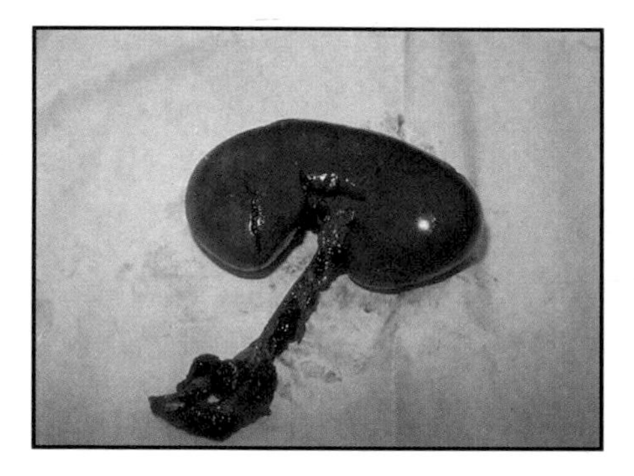

Photo 7.11 Enlevez le bassinet collecteur au centre de chaque rognon (il dégage une odeur désagréable) et la membrane qui les recouvre.

Photo 7.12 Tranchez les rognons si vous les consommez immédiatement.

Photo 7.13 Le cœur avant la préparation.

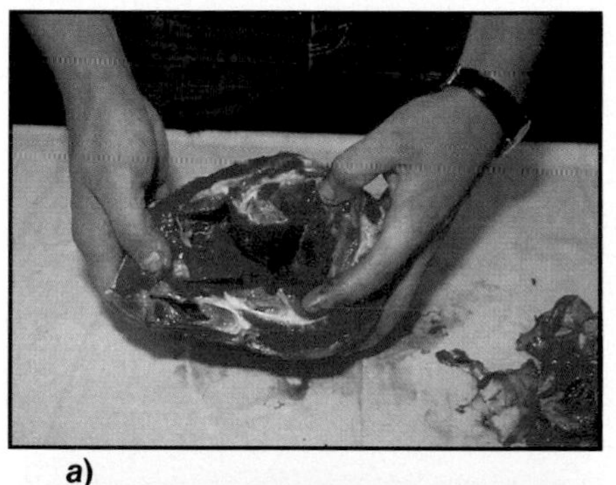

a)

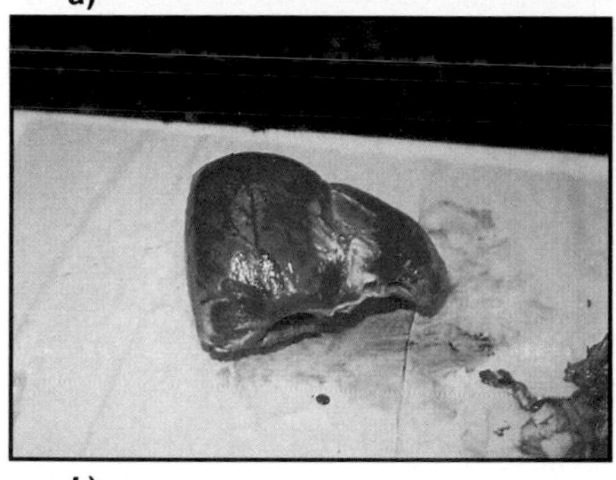

b)

Photo 7.14 (*a*) Évidez l'intérieur du cœur en vous assurant qu'il n'y a pas de sang coagulé au fond et (*b*) dégraissez la partie supérieure.

a)

b)

Photo 7.15 Après avoir fait une petite incision sur le foie avec la pointe du couteau, (*a*) glissez un doigt sous la membrane et (*b*) enlevez-la en tirant (ne dégagez que la partie qui sera consommée lors du voyage).

Photo 7.16 **Tranchez le foie en commençant par la partie la plus mince.**

Photo 7.17 **Ces animelles dépouillées de leur gaine sont prêtes à être consommées.**

Les recettes

Bien sûr, tout le monde n'est pas friand d'abats. Mais ceux pour qui ce mot est synonyme de foie de bœuf ou de porc seront peut-être agréablement surpris par la saveur fine et délicate des abats de gibier.

Voici quelques idées de recettes toutes simples qui vous les feront sûrement apprécier.

La cervelle

Enlevez d'abord la membrane qui recouvre la cervelle. Faites-la tremper dans l'eau froide environ 1 heure, puis faites-la pocher dans l'eau bouillante 8 à 10 minutes pour ensuite la faire saisir dans l'eau froide.

Découpez-la en tranches que vous ferez dorer de chaque côté. Déglacez le poêlon au jus de citron ou au vin blanc. Vous pouvez servir la cervelle avec des câpres ou du persil.

La langue

Les langues de gibier sont toutes excellentes. Malheureusement, plusieurs chasseurs omettent de prélever cet abat.

Faites d'abord dégorger la langue dans de l'eau froide vinaigrée et faites-la cuire ensuite dans l'eau bouillante. Une fois qu'elle est cuite, enlevez la peau qui la recouvre.

La langue peut se manger froide ou chaude. Dans ce dernier cas, tranchez-la à la façon d'un bifteck et faites-la sauter à feu doux dans un poêlon.

Les rognons

Nettoyez d'abord les petits conduits au centre des rognons afin d'éliminer les mauvaises odeurs pendant la cuisson. Si malgré cela vous craignez toujours ces odeurs, faites tremper les rognons pendant 4 heures dans de l'eau vinaigrée (1 portion de vinaigre pour 3 portions d'eau).

Après ce temps, tranchez-les et faites-les tout simplement sauter dans un poêlon que vous déglacerez au vin rouge.

Le foie

Sauf de rares exceptions, les foies de gibier sont assez tendres. Pour leur conserver cette tendreté, il faut les trancher légèrement plus minces qu'un bifteck et les cuire à feu moyen.

Trempez les tranches de foie dans de l'œuf battu et de la chapelure puis faites-les cuire de chaque côté (l'intérieur doit rester rosé).

Les animelles

«Animelles» est le terme culinaire sous lequel on désigne les testicules des mammifères.

Si vous le désirez, faites dégorger les animelles et épongez-les. Après les avoir tranchées, roulez-les dans une chapelure de craquelins puis poivrez-les (ne les salez qu'au moment de servir). Faites-les sauter dans un peu de beurre.

Servez les animelles arrosées de jus de citron et saupoudrées de persil.

Bon appétit!

Chapitre 8

Les coupes de transport

Les coupes de transport s'avèrent nécessaires pour les longs portages et pour le transport aérien. Dans ce dernier cas, comme il est préférable d'avoir des morceaux plus petits, on procédera à la coupe en six quartiers.

Les séquences photographiques qui suivent vous montrent comment alléger la masse de votre animal par des moyens simples. Comme vous le constaterez, il suffit de désosser certaines parties de l'animal mais de laisser la peau.

La préparation des avants

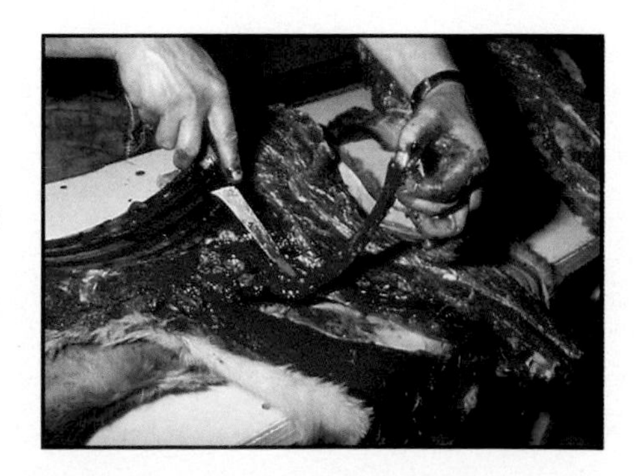

Photo 8.1 **Enlevez les saignées et la viande endommagée.**

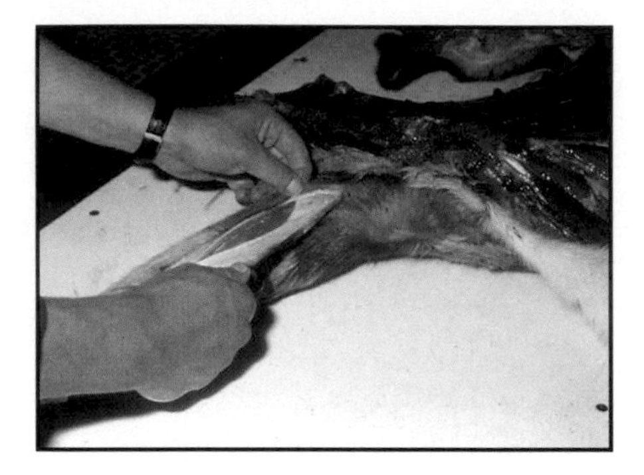

Photo 8.2 Fendez la peau sur le dessus des os du jarret (radius, cubitus).

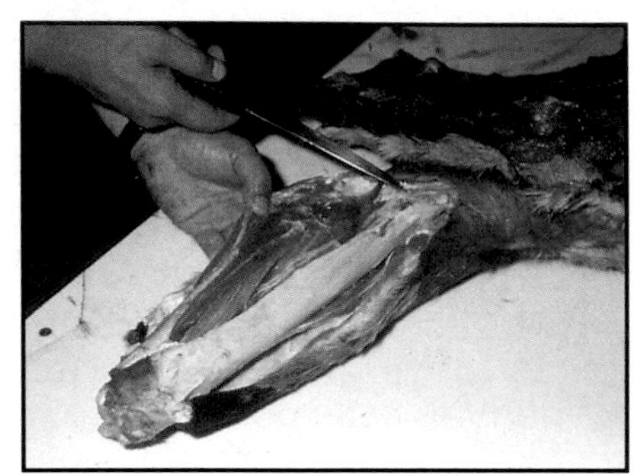

Photo 8.3 Désossez-les en les longeant avec la pointe du couteau.

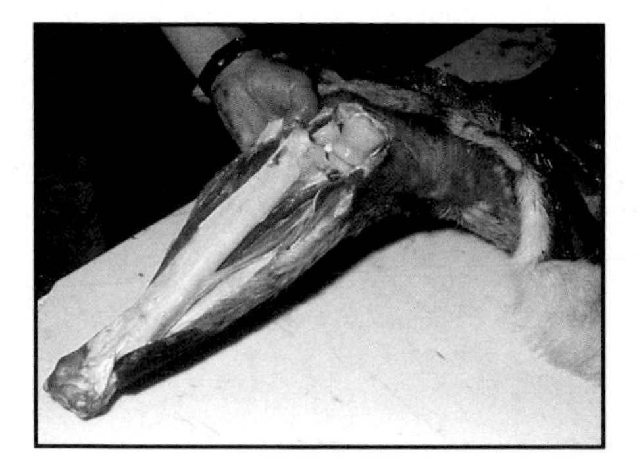

Photo 8.4 Désarticulez-les de l'humérus (os de l'épaule).

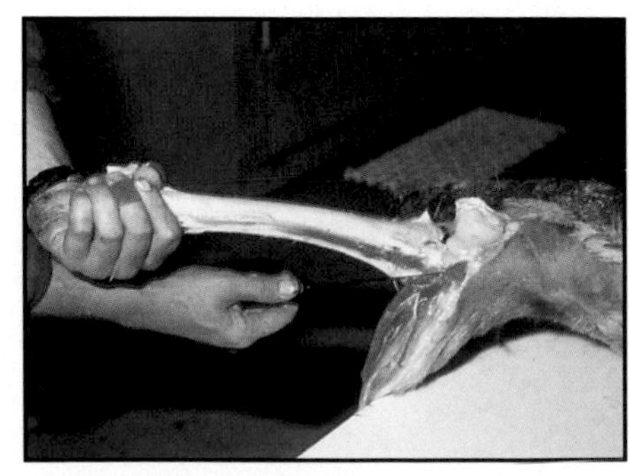

Photo 8.5 Désossez complètement le radius et le cubitus avec la pointe du couteau.

Photo 8.6 Le jarret une fois désossé.

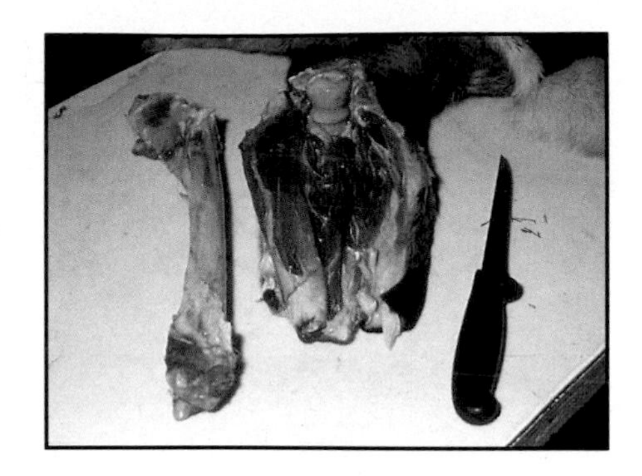

Photo 8.7 Placez un papier pêche à l'intérieur du jarret.

Photo 8.8 Refermez l'incision.

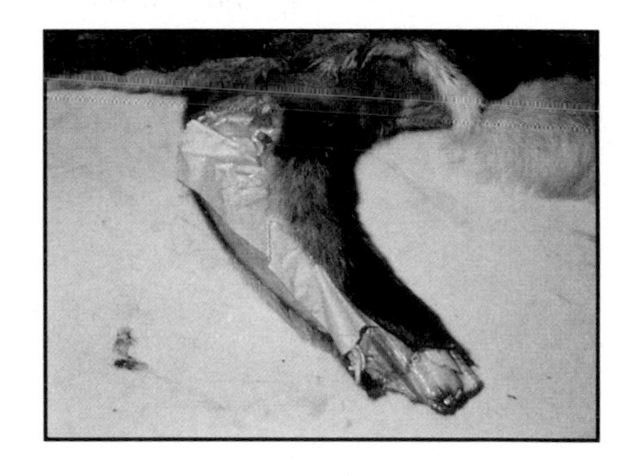

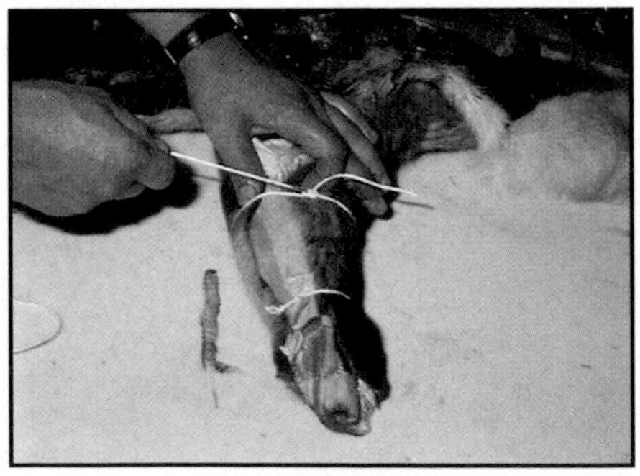

Photo 8.9 Attachez le tout à l'aide de deux ou trois ficelles.

La préparation des cuissots

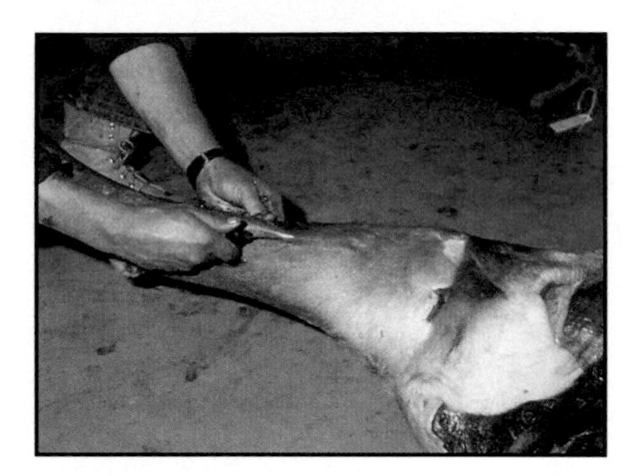

Photo 8.10 Fendez la peau sur le dessus du tibia.

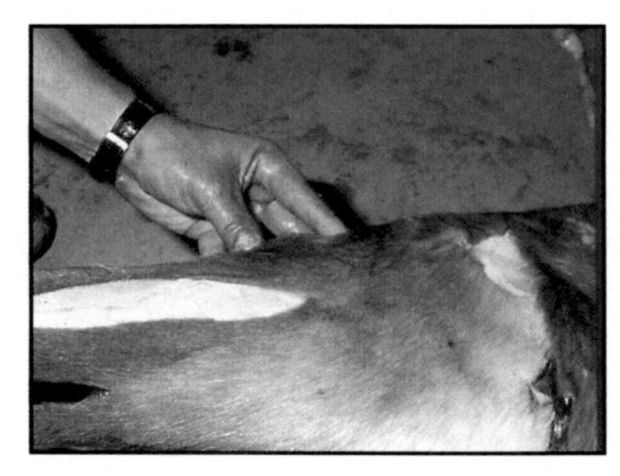

Photo 8.11 Rendez-vous jusqu'à l'articulation du tibia et du fémur.

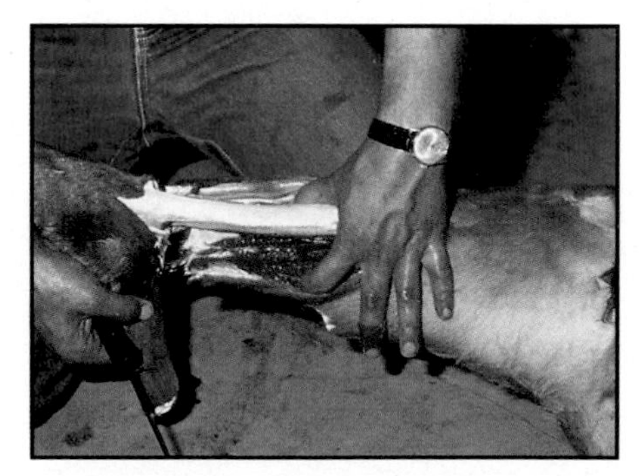

Photo 8.12 Coupez le tendon d'Achille.

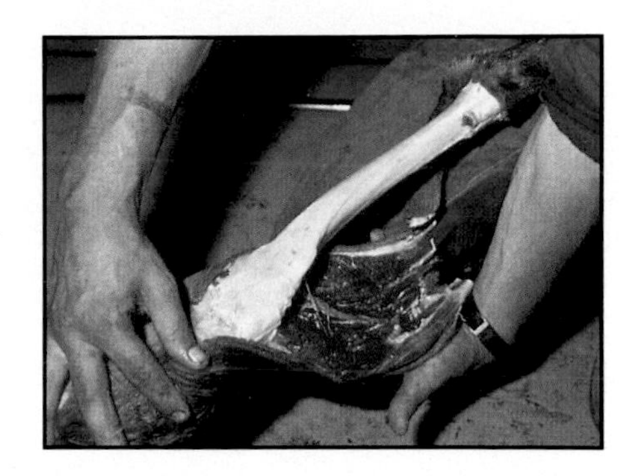

Photo 8.13 Désossez complètement le tibia.

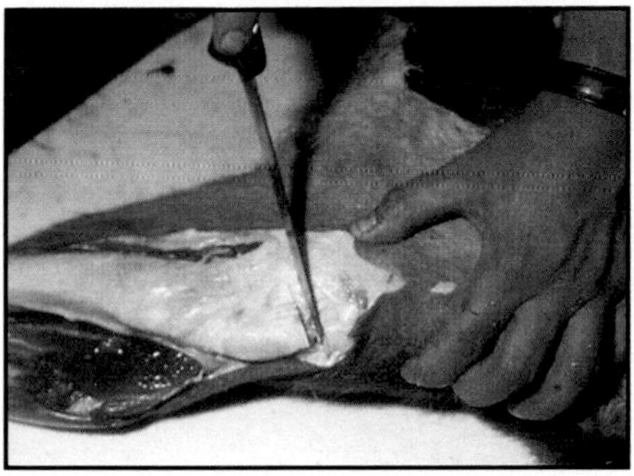

Photo 8.14 Désarticulez le tibia du fémur.

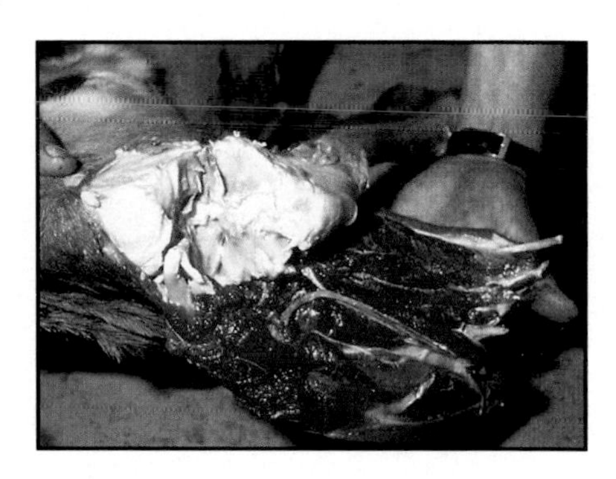

Photo 8.15 L'articulation ouverte.

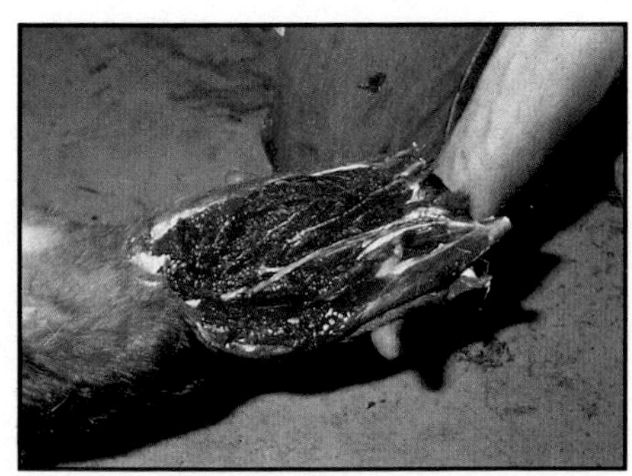

Photo 8.16 Le tibia enlevé.

Photo 8.17 Placez un papier pê-che dans l'ouverture.

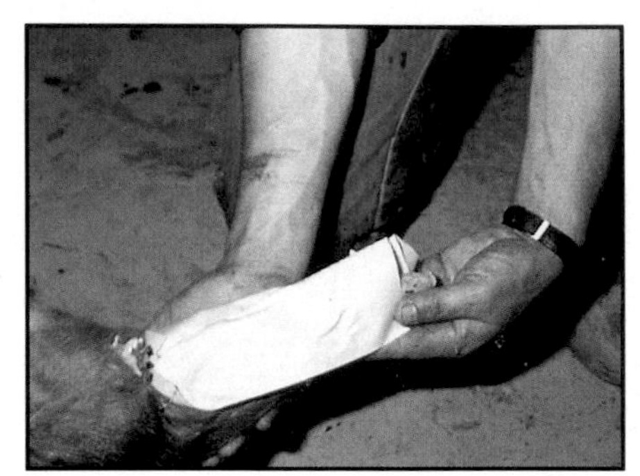

Photo 8.18 Refermez et ficelez.

La préparation des longes

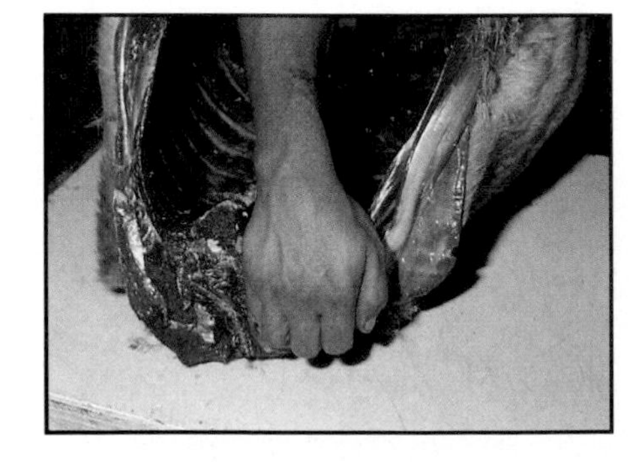

Photo 8.19 La largeur d'une main à partir de la colonne vertébrale vous servira de point de repère en vue de la coupe, et ce aux deux extrémités.

Photo 8.20 **Sciez les côtes sur toute la longueur du flanc parallèlement à la colonne vertébrale. Faites de même de l'autre côté.**

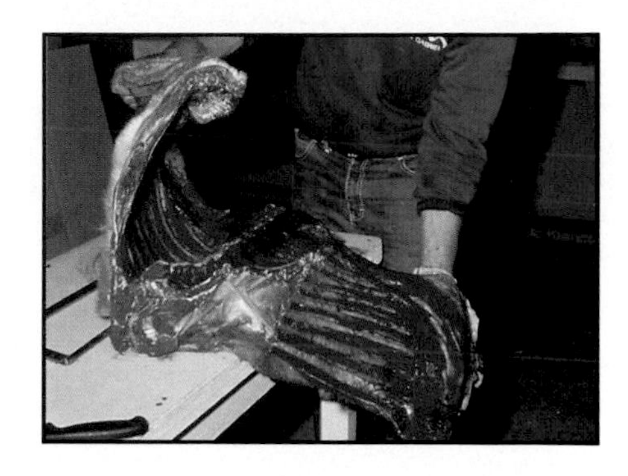

Photo 8.21 **Placez du papier pêche au centre sur les vertèbres et rabattez un flanc.**

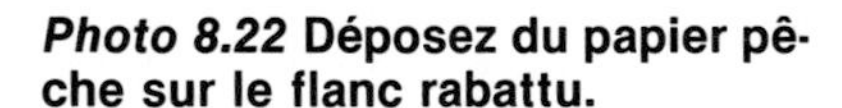

Photo 8.22 **Déposez du papier pêche sur le flanc rabattu.**

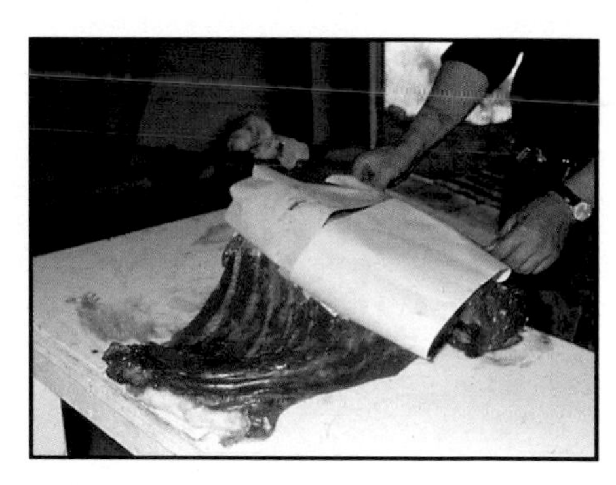

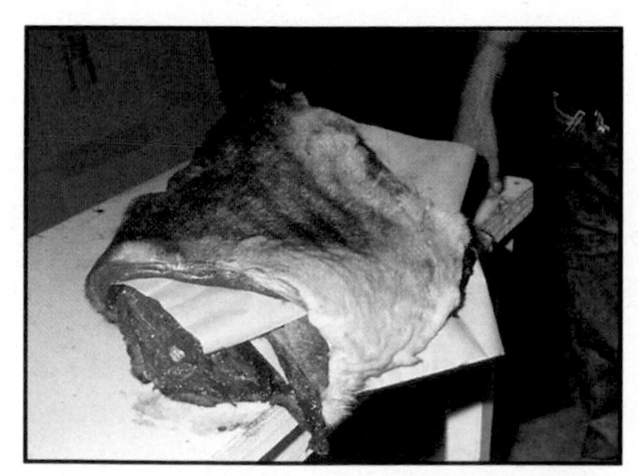

Photo 8.23 **Rabattez l'autre flanc sur le dessus.**

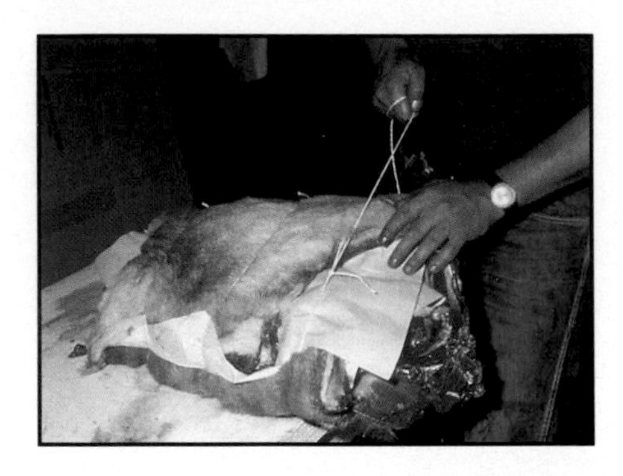

Photo 8.24 **Ficelez le tout.**

Il ne faut pas oublier qu'une viande qui n'est pas complètement refroidie est beaucoup plus difficile à manipuler, à plus forte raison si elle est partiellement désossée. Il est donc important de bien la laisser refroidir et de n'entreprendre le portage que le lendemain de l'abattage.

Chapitre 9

Parasites et autres affections chez le gibier

Tous les animaux sauvages (les cervidés en ce qui nous concerne) comme domestiques peuvent être atteints de parasites. Il en existe plusieurs variétés différentes tant par leur forme, leur mode de reproduction, l'endroit où elles se logent, que par le danger qu'elles présentent pour l'homme. Certains parasites, notamment la douve du foie et le bacille de la tuberculose sont pathogènes, c'est-à-dire qu'ils causent une maladie.

Nous ne donnerons ici qu'une brève description des parasites les plus fréquents et de quelques autres affections qui sont les plus susceptibles d'être décelés par le chasseur. Précisons que le foie est l'un des organes les plus affectés et il est en ce sens un indicateur de la santé de l'animal abattu. En effet, s'il est en parfait état et que l'on n'y décèle aucune trace de parasite, il est fort peu probable qu'il y en ait ailleurs, sinon très peu.

Cysticerque

Les parasites de la famille des cysticerques (photo 9.1) sont ceux que l'on rencontre le plus fréquemment chez les cervidés. Ces parasites qui ont la forme d'une petite boule de la grosseur d'un bout d'allumette, de couleur crème ou jaune pâle, sont présents dans les muscles de l'animal.

La cuisson ainsi que la congélation les détruisent. Si vous n'en trouvez que quelques-uns, enlevez-les tout simplement, la viande est comestible. Mais si la viande est infestée, référez-vous à un biologiste.

Douve du foie

On rencontre la douve du foie (photo 9.2) surtout chez le caribou. Un foie parasité est parsemé de renflements blanchâtres de formes variées et l'intérieur présente parfois des marbrures verdâtres. Dans un cas comme dans l'autre, le foie est impropre à la consommation, mais la viande est comestible.

Kyste hydatique

Le kyste hydatique (photo 9.3) a la forme d'une boule de couleur crème, parfois bleuâtre, de la grosseur d'une pièce de dix cents à celle d'une pièce de vingt-cinq cents. Le foie, les poumons, ainsi que les muscles de l'animal peuvent être porteurs de ces kystes qui ne présentent toutefois aucun danger. Il suffit de les enlever en évitant de les perforer, car ils contiennent un liquide clair rempli de petits grains blancs qui s'écoulerait et contaminerait les parties avoisinantes.

Larve d'œstre

La larve d'œstre (photo 9.4) se rencontre surtout chez le caribou. Elle se développe dans le dos de l'animal, plus précisément dans le gras dorsal. Sa forme s'apparente à celle d'un petit coquillage brun dont une des extrémités est pointue. Ce parasite atteint parfois la grosseur d'une pièce de vingt-cinq cents. Vous n'avez qu'à l'enlever; il ne présente aucun danger.

Tuberculose

Chez les cervidés (certaines variétés), la tuberculose se manifeste par des lésions externes sur les ganglions qui se trouvent à l'arrière du foie (partie plane), plus exactement sur le conduit central.

Même si cette maladie est peu répandue, il vaut toujours mieux porter des gants pendant l'éviscération et vérifier l'état du foie. Si vous voyez des lésions, référez-vous à un bureau de pathologie animale avant d'apporter votre gibier chez le boucher.

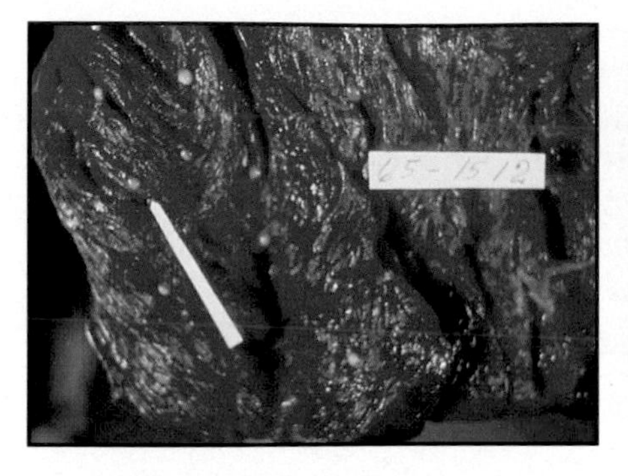

Photo 9.1 Cysticerque. ▲

Photo 9.2 Douve du foie.

Photo 9.3 Kyste hydatique. ►

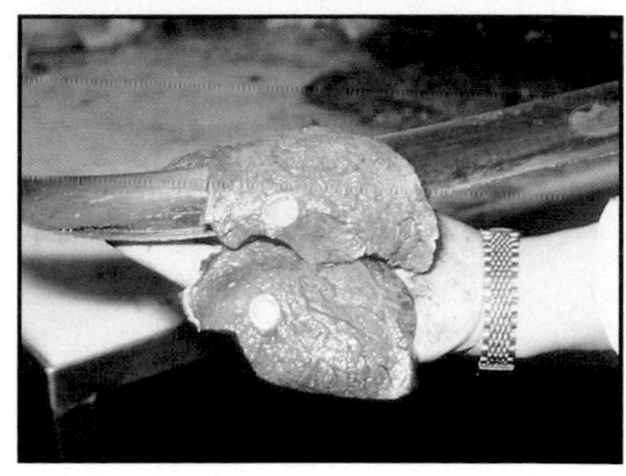

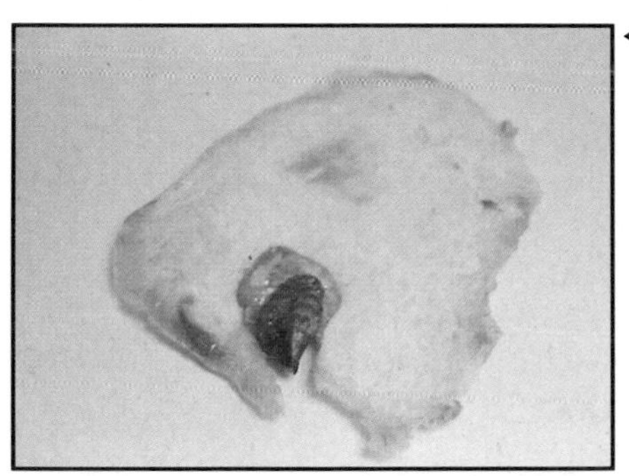

◄Photo 9.4 Larve d'œstre.

Photo 9.5 Abcès.

Photo 9.6 Papillome cutané.▼

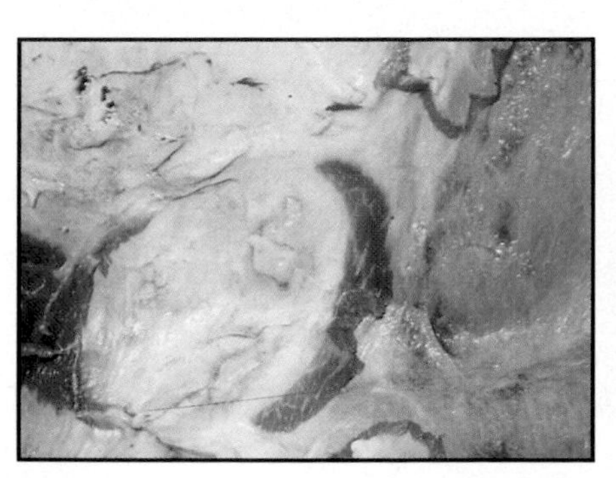

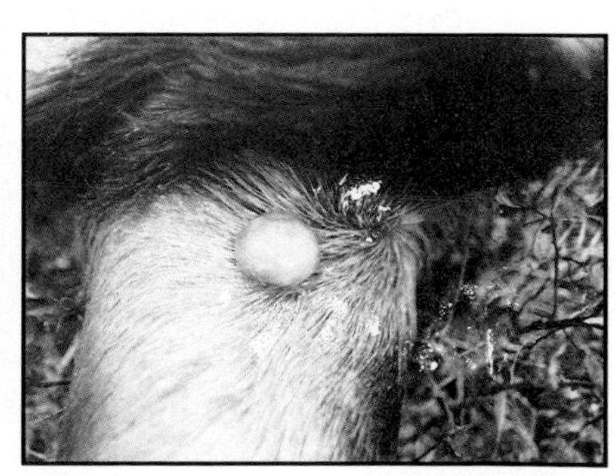

Abcès

Les abcès (photo 9.5) sont très rares chez les gibiers de forêt. Ces tumeurs purulentes de couleur verdâtre affectent principalement les parties intermusculaires de l'animal. Il faut les enlever avec soin et désinfecter ensuite les instruments. Seules les parties non infectées sont comestibles.

Papillome cutané

Comme son nom l'indique, le papillome cutané (photo 9.6) se loge sur la peau de l'animal, surtout dans la région du cou et des épaules. Ces petites boules (parfois de la grosseur d'une balle de golf) sont en fait des tumeurs bénignes, non cancérogènes. Pour les enlever, il suffit de couper le mince fil qui les retient à la peau. Elles n'affectent aucunement la qualité de la viande.

Les chasseurs qui ont récolté un gibier présentant des anomalies et qui désirent en savoir plus, peuvent s'adresser aux endroits suivants:

— Bureaux régionaux du ministère de l'Agriculture, des Pêcheries et de l'Alimentation.
  Vous trouverez le numéro de téléphone dans les pages bleues de l'annuaire, à la section Gouvernement du Québec, sous la lettre *A*.
  Vous pouvez aussi, durant les heures d'affaires, composer sans frais le 1-800-463-5023 (service 800). On pourra vous référer au bureau de votre localité et même répondre à vos questions moyennant une description sommaire des particularités observées chez l'animal.
— Bureaux du ministère du Loisir, de la Chasse et de la Pêche.
  Vous trouverez une liste des différents bureaux dans la brochure *Règlements de chasse, pêche et piégeage*.

— Sauf exception, seuls les laboratoires privés feront l'analyse de spécimens de votre venaison, mais vous devrez à ce moment défrayer les coûts de ces examens.
Dans certaines réserves fauniques, des biologistes effectuent un examen sommaire de l'animal abattu lors de l'enregistrement.

Chapitre 10

La naturalisation

La chasse au gros gibier peut être très fructueuse en ce sens que tout se récupère: viande, abats, pattes, peau et panache. Ces deux dernières parties font la fierté de bien des chasseurs. Les pattes, elles, se transformeront au gré de chacun en souvenirs on ne peut plus pittoresques: cendrier, porte-briquet, support à carabine ou à manteau.

Le chasseur intéressé à faire naturaliser une partie de son animal trouvera dans les pages qui suivent des indications générales sur la façon de conserver la peau et sur les différentes coupes à effectuer.

La seule façon de conserver une peau animale est de la saler, en la frottant vigoureusement pour faire pénétrer le sel à l'intérieur du cuir, et ce immédiatement après l'écorchage. Si la peau est entière (photo 10.1), rabattez les côtés vers le centre, puis repliez-la, toujours dans le même sens. Il ne reste plus qu'à la rouler. S'il y a un surplus de gras, dégraissez la peau avant de la saler.

Si vous ne voulez pas l'utiliser immédiatement, faites tout simplement congeler la pièce de peau dans un emballage approprié; elle se conservera ainsi plusieurs mois.

Photo 10.1 **Pour conserver une peau de chevreuil ou de caribou, il faudra 2 à 3 kg de sel.**

La tête

La récupération de la tête requiert certaines précautions au moment de l'éviscération. Comme il a déjà été dit, vous devez couper la peau à partir de la pointe supérieure du sternum, non de la base de la mâchoire. À la fin de l'éviscération, terminez la coupe de la peau en ligne droite de cette pointe vers le dos, jusqu'au début du garrot (photos 10.2 et 10.3).

La peau du cou doit toujours être coupée sur le dessus, jusqu'à environ 5 à 10 cm de la base du crâne. Si la température est favorable au moment de l'abattage, c'est-à-dire s'il n'y a pas trop de mouches, écorchez le cou jusqu'à la base de la mâchoire inférieure. Disjoignez-le ensuite de la tête à ce même endroit. La récupération de la viande du cou (environ 5 à 8 kg de viande dans le cas d'un orignal) peut se faire en forêt, mais la croûte qui se formera à la surface des muscles séchera et occasionnera une perte de viande. Il est indispensable d'enlever l'œsophage et la trachée-artère, et de recouvrir les parties dégagées de coton à fromage.

Photo 10.2 **La longueur de la peau laissée au cou rehausse l'apparence de la tête empaillée et facilite le travail du taxidermiste.**

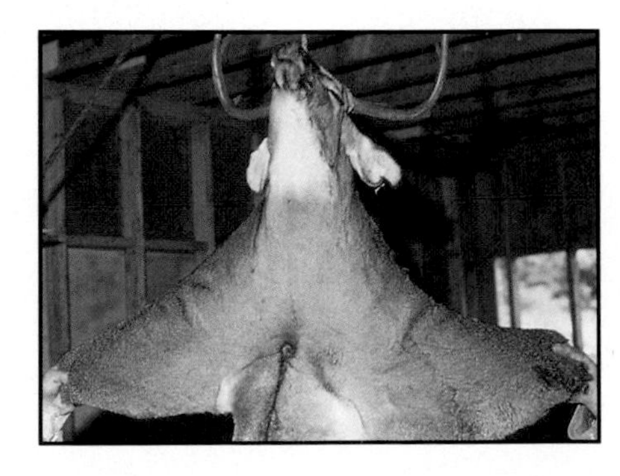

Photo 10.3 **Peau d'un chevreuil-trophée coupée sur le dessus du cou.**

L'écorchage de la tête devrait être fait par le taxidermiste. Si vous désirez alléger la masse pour le transport, vous pouvez le faire vous-même, mais en procédant avec précaution.

De la base du crâne, coupez la peau de façon à former un «Y» jusqu'à l'arrière du panache. Après avoir dégagé délicatement le contour du panache, écorchez la tête en tirant la peau à la façon d'un gant et en coupant ce qui retient cette dernière le plus près possible de l'os du crâne. Dégagez avec précaution le contour des oreilles, des yeux, de la bouche et du museau et enlevez délicatement le cartilage à l'intérieur du cône des oreilles. Frottez la peau de sel pour bien le faire pénétrer et roulez la peau. Pour récupérer le panache, il faut scier la calotte crânienne parallèlement à la mâchoire inférieure en plein centre de l'orbite de l'œil.

Le panache

La récupération du panache sans la tête est beaucoup plus facile à effectuer (photos 10.4 à 10.7). Si le panache est trop large ou s'il doit être scié pour le transport, coupez l'os crânien (point de jonction entre les bois) par l'intérieur en prenant garde de ne pas couper la peau. Attachez les deux côtés du panache ensemble pour éviter que la peau ne fende ou ne déchire.

Les pattes

Pour diminuer le volume ainsi que la masse des pattes, il suffit de les désosser (photos 10.8 à 10.13).

Photo 10.4 **Avec un couteau, coupez la peau derrière la tête à environ 10 cm sous le panache.**

Photo 10.5 **(*a*) Continuez la coupe en ligne avec le centre le l'œil et parallèlement à la mâchoire inférieure. (*b*) Poursuivez le tracé à mi-chemin entre le museau et l'œil pour ensuite aller rejoindre votre point de départ.**

***a*)**

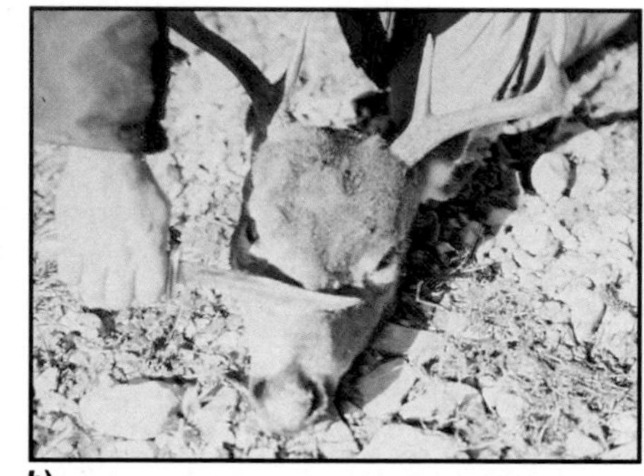

***b*)**

Photo 10.6 **Sciez le crâne selon le tracé (profitez-en pour récupérer la cervelle).**

Photo 10.7 **La récupération du panache terminée.**

Photo 10.8 Fendez la peau tout le long de la patte, à l'arrière.

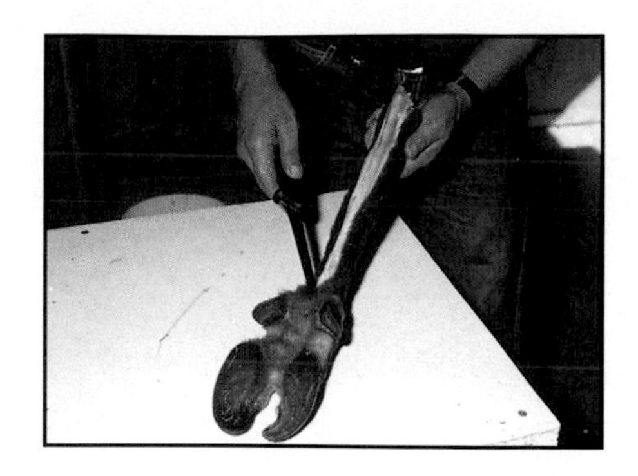

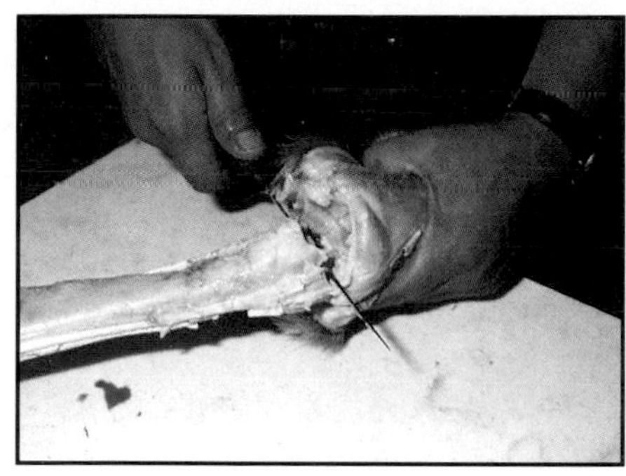

Photo 10.9 Désarticulez le métatarse (ou le métacarpe des pattes arrière).

Photo 10.10 Dégagez les ergots.

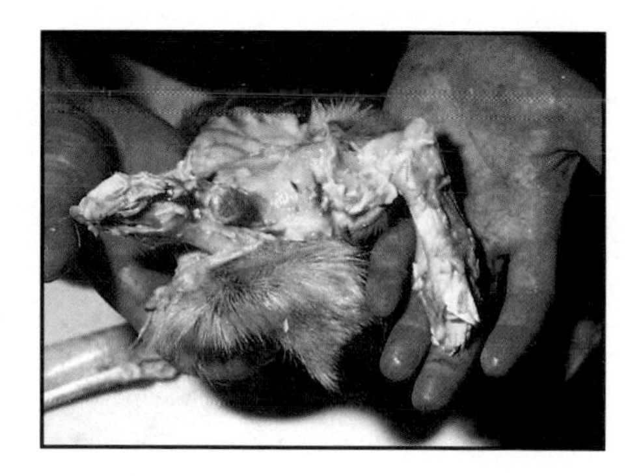

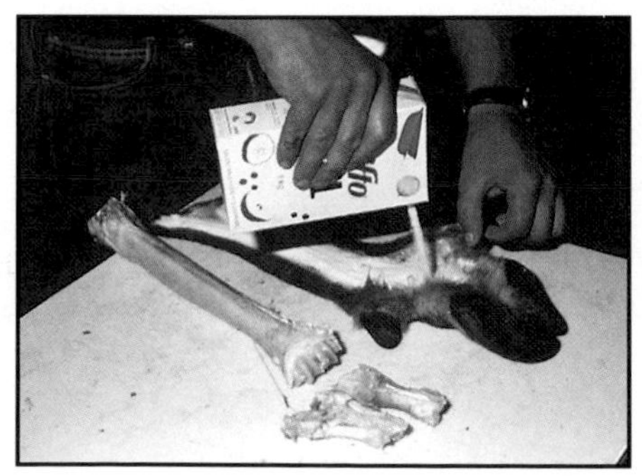

Photo 10.11 Salez l'intérieur de la peau.

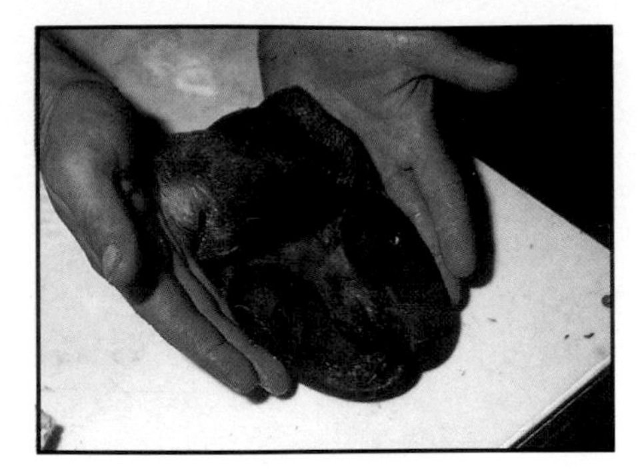

Photo 10.12 **Roulez la peau en commençant par l'extrémité supérieure jusqu'au sabot.**

Photo 10.13 **Mettez la patte dans un sac à congélation.**

Rappelons que le travail de base effectué sur une tête d'animal exige beaucoup de précautions. Un coup de couteau maladroit ou une pièce en mauvais état compliquera inutilement le travail du taxidermiste, et c'est ce qui fera la différence entre un beau trophée et un moins beau.

Conclusion

La chasse est un sport qui, comme bien d'autres, permet d'oublier les tracas de la vie quotidienne et de se changer les idées. Et quoi de mieux que la nature pour se ressourcer et faire le point.

Ce sport permet aussi de récolter du gibier. Mais ces vacances dans la nature, il ne faut pas en calculer la rentabilité en divisant les sommes dépensées par le nombre de kilogrammes de viande que vous ramènerez à la maison. Ce gibier obtenu par la ruse et la chance, vous vous devez d'en prendre soin. Les méthodes vues tout au long du présent livre vous aideront, nous en sommes convaincu, à rapporter votre animal dans les meilleures conditions possibles chez votre boucher. Rien ne peut justifier une perte de viande, à plus forte raison si vous mettez ces conseils en pratique. Ces connaissances auxquelles s'ajoute votre expérience personnelle vous permettront de maximiser le produit de votre chasse. Et c'est lors d'un bon repas de gibier, en famille ou entre amis, que vous apprécierez la valeur des efforts fournis en forêt.

Pour terminer sur une note différente, soulignons l'importance de faire enregistrer votre bête à une station de contrôle à votre sortie de la forêt. Cet enregistrement, qui est d'ailleurs obligatoire pour tous les gros gibiers (et aussi pour l'ours), est l'occasion d'une collaboration fructueuse entre chasseurs et biologistes. En effet, ces derniers effectuent régulièrement des contrôles de santé et ils comptent sur vous pour leur rapporter les organes dont ils ont besoin: foie, cœur, poumons, rognons ou ovaires. Cette collaboration ne peut qu'aider à maintenir la qualité des cheptels de gros gibiers et à élever le sport qu'est la chasse au rang qui lui revient.

De gauche à droite: Réjean Lemay, Laurier Biron, directeur du parc des Laurentides, et Jean-Guy Frenette, biologiste au parc.

Dans la même collection

L'orignal

Le caribou

Le poisson à votre portée

Les bonnes heures pour pêcher et chasser

Les vraies recettes du petit gibier

Mes secrets de chasse au gros gibier

Techniques de survie